GIS设备状态非电量检测新技术

国网宁夏电力有限公司电力科学研究院　编

吴旭涛　主编

中国电力出版社

CHINA ELECTRIC POWER PRESS

内 容 提 要

本书共分四章，阐述了气体绝缘金属封闭开关设备（GIS）振动检测、温度检测、声学成像检测、气体分解产物检测等设备状态非电量测试的技术原理，介绍了四类检测技术的测试方法，并提供了应用案例。

本书适用于从事高压电气设备试验、检修、运行人员及相关管理人员，也可作为制造部门、科研单位相关人员的参考用书。

图书在版编目（CIP）数据

GIS设备状态非电量检测新技术/吴旭涛主编；国网宁夏电力有限公司电力科学研究院编 .—北京：中国电力出版社，2018.11

ISBN 978 - 7 - 5198 - 2735 - 9

Ⅰ.①G… Ⅱ.①吴… ②国… Ⅲ.①非电量测量 Ⅳ.①TM938.8

中国版本图书馆 CIP 数据核字（2018）第 276519 号

出版发行：中国电力出版社

地　　址：北京市东城区北京站西街 19 号（邮政编码 100005）

网　　址：http：//www.cepp.sgcc.com.cn

责任编辑：陈　丽（010-63412348）　陈　倩（010-63412512）

责任校对：黄　蓓　太兴华

装帧设计：赵丽媛　赵姗姗

责任印制：石　雷

印　　刷：三河市万龙印装有限公司

版　　次：2018 年 11 月第一版

印　　次：2018 年 11 月北京第一次印刷

开　　本：710 毫米×980 毫米　16 开本

印　　张：9

字　　数：124 千字

印　　数：0001—1000 册

定　　价：55.00 元

编　委　会

前　言

由于占地面积省、安装运行维护相对简单等优点，气体绝缘金属封闭开关设备（GIS）在电网中得到了越来越广泛的应用。随着 GIS 设备的大规模应用，运行中也暴露出一些问题，如绝缘击穿、内部连接松动、支撑件破裂、连接件变形以及局部发热等，这些问题往往会酿成事故的发生。GIS 设备结构紧凑，一旦发生事故，不仅恢复难度大，还会对电网安全运行构成极大威胁。

GIS 设备状态的现场检测，早期主要通过交流耐压试验进行。随着技术进步和装备水平提升，GIS 设备的现场冲击耐压试验及特高频局部放电检测逐步得到推广应用。这些方法均属于电气检测法，其应用具有一定的局限性，主要包括：交流及冲击耐压试验都需要在设备停电状态下进行；当 GIS 盆式绝缘子采用屏蔽结构时，特高频局部放电检测无法开展；若缺陷未涉及绝缘，或者缺陷未达到一定程度，无论交流耐压试验，还是冲击耐压试验，或是特高频局部放电检测都无法检出。实际上，GIS 设备存在不同类型缺陷时，会导致设备及设备内部充入的 SF_6 气体发生一些物理的、化学的变化，对能够表征变化的参数进行检测与分析，可及时发现设备内部的缺陷，并对缺陷程度进行诊断。振动检测、声学成像检测是近年来出现的检测新技术，通过检测分析 GIS 设备振动、声音等参数的变化，能够发现内部连接松动、支撑件破裂、连接件变形等机械性缺陷。局部过热是严重威胁 GIS 设备安全运行的缺陷之一，目前电气设备温度检测的方法很多，尤其是红外热成像检测已经发展成熟，但针对 GIS 设备特点，温度检测需要通过筒壁温度反映内部导电部件温度，从而确定热点位置和缺陷程度，才能真正发挥 GIS 设备温度检测的作用。此外，GIS 内部存在放电性缺陷时，根据放电能量的差异及放电部位固体绝缘材料的不同，在 SF_6 气体中会出现放电分解特征产物，因此气体分解产物检测是发现设备内部放电的有效手段。振动检测、声学成像检测、温度检测、气体分解产物检测均为非电量检测，可在 GIS 设备运行状态下进行，不需要在设备内部安装传感器，也几乎不受设备结构和安装方式的影响。通过上述非电量检测方法，可及时掌握 GIS 设备状态，有效避免事故的发生。近年来，国网宁夏电科院与西安交通大学等单位合作，开展了一系列研究，并取得了一批成果。本书就是对这些成果的归纳和总结。

本书阐述了 GIS 振动检测、温度检测、声学成像检测、气体分解产物检测等设备状态非电量测试的技术原理，介绍了四类检测技术的测试方法，并提供了应用案例。通过本书，期望能够推动 GIS 设备状态非电量检测技术的现场应用，并为基于非电量检测技术的状态评价、设备缺陷、故障分析诊断奠定基础。

本书的编写得到了西安交通大学汲胜昌老师、李军浩老师、赵晋飞硕士研究生、孙善源硕士研究生，以及湖南大学钟理鹏老师的大力支持和帮助，借此表示感谢。

限于作者水平，书中不妥和错误之处在所难免，恳请专家、同行和读者给予批评指正。

作　者

2018 年 8 月

目　　录

前言

第一章

GIS 振动检测技术

机械设备的零部件、整机在工作过程中均有不同程度的振动，其不仅会影响设备工作精度、加剧机器的磨损、加速疲劳破坏，而且随着磨损的增加和疲劳损伤的产生，机械设备的振动将更加剧烈，恶性循环，直至设备发生故障、破坏。由此可见，振动加剧是伴随着机器部件工作状态异常，乃至失效而发生的一种物理现象。据统计，有 60％以上的机械故障通过振动反映。因此，在运行状态下通过对机械振动信号的测量和分析，就可对设备劣化程度和故障性质有所了解。目前，基于机械设备振动的理论和方法较为成熟，并在状态监测和故障诊断技术得到了广泛应用，成为一种普遍被采用的基本方法。

第一节　GIS 振动检测原理

一、振动信号的分类

振动问题研究过程中，通常将研究对象称为系统；把外界对系统的作用或机器自身运动产生的力，称为激励；把机器或结构在激励作用下产生的动态行为，称为响应或输出。振动分析（理论或实验分析）就是研究这三者间的相互关系。

所谓振动诊断，就是对正在运行的机械设备进行振动测量，并将采集到的各种信号进行分析处理，通过与初始制定的某种标准进行比较，进而判断系统内部结构的破坏、裂纹、开焊、磨损、松脱及老化等影响系统正常运行的故障，依此采取相应的对策来消除故障、保证系统安全运行。振动诊断还包含对其工作环境的预测，即通过系统的输出、参数（质量、刚度、阻尼等）来确定系统的输入，以判断系统环境的特性，如寻找振源等问题的研究。

振动是物体的一种运动形式，它是指物体在平衡位置上作往复运动的现象，图 1-1 为弹簧质量系统中重物随时间变化的运动过程。

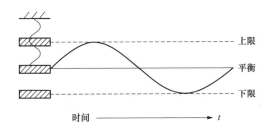

图 1-1 重物随时间变化的运动图

图 1-1 中，重物从平衡位置运动到上极限位置，后经过静平衡位置移动到下极限位置，最终返回到静平衡位置的过程，为一个运动循环，即往复振动一次。这个运动循环连续不断重复的过程即该重物的振动。

图 1-1 右侧是重物振动位移随时间变化的运动图，为一条正弦曲线，因此该种振动又被称之为"简谐振动"，是一种最简单的振动。

各种机械设备是由许多零部件和各种各样的安装基础所组成，均可认为是一个弹性系统。由于外界环境的变化，导致这些物体在其平衡位置附近做微小的往复运动，这种每隔一定时间的往复性机械运动，称为机械振动。

由于系统的结构、参数不同，其所受的激励不同，所产生的振动规律也各不相同。根据振动规律的性质及其研究方法的不同，振动可分为确定性振动和随机性振动两大类。确定性振动的规律可以用某个确定的数学表达式描述，其振动位移是时间 t 的函数，可用简单的数学解析式表示为 $x=x(t)$。与确定性振动相反，随机性振动不能通过确定的数学表达式进行描述，振动波形呈不规则的变化，只能用概率统计的方法来描述。

在机械设备的状态监测和故障诊断过程中，振动主要为周期振动、准周期振动、窄频带随机振动和宽频带随机振动等，以及其中几种振动的组合。其中，周期振动与准周期振动属确定性振动范围，由简谐振动及简谐振动的叠加构成。

简谐振动是机械振动中最基本的振动形式，理解其特性对掌握其他振动特性及振动监测诊断技术十分重要，其相应的简谐振动数学表达式为

$$x=A\sin(\omega t+\varphi) \tag{1-1}$$

式中　x——物体相对平衡位置的位移；

A——振幅，表示物体偏离平衡位置的最大距离，mm；

ω——振动的角频率，表示 2π 秒内的振动次数或称圆频率；

φ——振动的初相位角，用以表示振动物体的初始位置，rad。

简谐振动过程中，振幅 A 表示振动的大小，而角频率 ω 表示振动的快慢。如果已知某物体作简谐振动，且已知 A、ω 及 φ，就可以完全确定该物体在任何瞬时的位移 x。简谐振动是确定性振动，其特性取决于 A、ω、φ，这三个参数在设备诊断过程中有着重要的意义，因此，A、ω 及 φ 称为简谐振动的三要素。

若振动波形按周期 T 重复出现，即

$$x(t) = x(t+nT) \quad (n = 0,1,2,\cdots\cdots) \tag{1-2}$$

若式（1-2）成立，则称为周期振动，相对于简谐振动，周期振动的振动过程较为复杂，是由一个静态分量 X_0 和无限个谐波余弦分量组成，实践中产生复杂周期振动的情况远多于产生简谐振动的情况。事实上，简谐振动往往是

复杂周期振动的一种近似表示。

所谓准周期振动，也是由一些不同周期的简谐振动合成的振动。这一点与复杂周期振动相类似，但准周期振动没有周期性，组成它的简谐分量中总会有一个分量与另一个分量的频率之比值为无理数。而复杂周期振动的各简谐分量中任何两个分量的频率之比是有理数。准周期振动是一种非周期振动，可用函数描述为

$$x(t) = \sum_{n=1}^{M} X_n \sin(2\pi f_n t + \varphi_n) \qquad (1-3)$$

随机振动不能用精确的数学关系式描述，是一种非确定性振动。

随机振动过程虽不能预知，也不能重复，但具有一定的统计规律，因此可以采用概率统计的方法对随机振动进行研究，即用统计特征参数对随机振动的特性进行描述。

二、振动参数及其选择

表征振动响应的三个参数分别是位移、速度和加速度。

振动位移是质量块运动的总距离，即质量块振动时，其上、下运动的幅度，单位可以用微米（μm）表示。通过对振动过程中角位移、线位移等动态位移量时间波形的分析，可以推导出振动的速度和加速度值。其中，振动速度为质量块振荡过程中运动快慢的度量，单位可以用毫米/秒（mm/s）来表示，而振动加速度为振动速度的变化率，其单位用米/秒²（m/s²）表示，或用重力加速度 g 来计量。

物体简谐振动过程中，振幅分别用振动位移、振动速度、振动加速度值加以描述、度量，三者相互之间可以通过微分或积分进行换算，相应的简谐振动时域图像如图 1-2 所示。

通过图 1-2 时域图像的描述，振动频率低意味着振动体在单位时间内振动的次数少，速度、加速度的数值相对较小，因此振动位移能够更清晰地反映

4

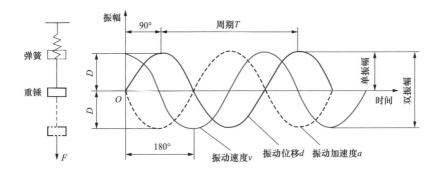

图 1-2　简谐振动时的时域图像

出振动强度的大小；而频率高，意味着振动次数多、过程短，速度、加速度的数值变化量大，即振动强度与振动加速度成正比。振动位移反映了振动距离的大小，振动速度反映了振动能量的大小，振动加速度反映了振动冲击力的大小，如 GIS 在运行过程中触头接触不良，主要是振动冲击力较大，因此检测中采用振动加速度传感器的方式进行加速度的测量。

第二节　基于 GIS 振动检测技术介绍

一、振动检测系统

GIS 振动检测系统由传感器、信号处理单元、信号采集单元及上位机组成，整体结构如图 1-3 所示。

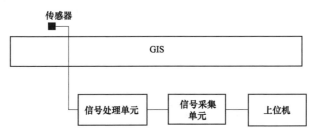

图 1-3　GIS 振动检测系统整体结构图

二、传感器的选择

GIS 外壳表面的振动信号为电气机械振动信号，经过分析，其振动频宽与振幅分别为 $10\sim2000\text{Hz}$、$0.5\sim50\mu\text{m}$，相应的振动传感器有加速度传感器、速度传感器和位移传感器，表 1-1 列出了三种振动传感器的性能比较。

表 1-1 各种振动传感器的性能比较

特点	位移传感器	速度传感器	加速度传感器
频率响应	$0\sim10\text{kHz}$	$10\text{Hz}\sim1\text{kHz}$	$0.3\text{Hz}\sim10\text{kHz}$
温度范围（℃）	$-40\sim177$	$-40\sim120$	$-50\sim120$
优点	灵敏度高、结构简单、不受油污等介质的影响，可进行非接触测量	灵敏度高、输出阻抗低，便于测量	体积小、质量轻、稳定性高、工作频率范围宽，可在强磁场、大电流、潮湿恶劣环境下工作

位移传感器主要为电涡流式位移传感器，其采用电磁感应原理设计，可以在电磁干扰较弱的环境下有效使用。本书中测试对象为变电站现场运行的 GIS，电磁干扰非常严重，且电涡流式位移传感器一般采取非接触的方式测量振动信号，不适合直接粘贴在 GIS 的外表面，从而测量系统中不能选用位移传感器来测量 GIS 外壳的振动信号。

速度传感器主要为电动式速度传感器，其检测过程中输出电压信号，使后续的放大器设计比较容易，具有较高的灵敏度，但该传感器的带宽主要集中在 1000Hz 以内，不能满足测量 GIS 外壳振动的要求。

加速度传感器从大类上分为压电式、应变式和伺服加速度传感器，其中，伺服加速度传感器低频响应非常好，但带宽小于 500Hz，不适用于变压器油箱表面的振动测量。与应变式相比，压电式加速度传感器安装谐振频率比较高，有足够的频宽，使用者可以根据测量要求合理选择。

综合对位移传感器、振动传感器、加速度传感器的性能分析，GIS 振动测量系统中的振动传感器采用压电式加速度传感器。

压电式加速度传感器的基本工作原理是压电效应。石英晶体、压电陶瓷和一些塑料等材料，当沿着一定方向对其施力而使它变形时，内部将产生极化现象，同时在它的两个表面上产生相反的电荷；当外力去掉后，又会重新恢复不带电的状态，这种现象称为压电效应。

压电式加速度传感器结构一般有纵向效应型、横向效应型和剪切效应型三种。纵向效应为最常见的一种结构，如图1-4所示。

图1-4中压电片与质量块为环形结构，通过弹簧对质量块预先加载，使之与压电片处于压紧状态。测量前将传感器基座与被测

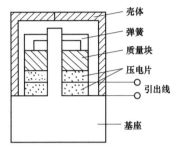

图1-4　纵向效应型加速度传感器的截面图

对象牢牢地紧固在一起，输出信号由连接电极的引出线引出。当检测过程中传感器感受振动时，因为质量块相对被测体质量较小，因此质量块感受与传感器基座相同的振动，并受到与加速度方向相反的惯性力，惯性力作用在压电片上产生的电荷为

$$q = d_{33}F = d_{33}ma \qquad (1-4)$$

式中　d_{33}——压电片的压电系数。

式（1-4）表明电荷量直接反映加速度大小，灵敏度与压电材料的压电系数和质量块质量有关。为了提高传感器灵敏度，一般选择压电系数大的压电陶瓷片。若增加质量块质量，不仅会影响被测振动信号，同时会降低振动系统的固有频率，因此工程应用中一般不用增加质量的办法来提高传感器灵敏度。该传感器外形如图1-5所示，参数如表1-2所示。

三、信号处理及采集单元

信号处理单元主要对检测信号进行滤波和放大，根据传感器的测量频率范围，滤波器采用1～4kHz的低通滤波器，放大器可进行160倍放大。采集单

元采用采样率为 250kHz 的模块进行采集，并通过 USB 模块将数据送入上位机进行进一步的分析和处理。为防止现场的电磁干扰对检测信号的干扰，整个信号处理和采集单元需密封在金属外壳内。

表 1-2　　传 感 器 参 数

灵敏度（mV/ms^{-2}）	300
分辨率	0.0001
测量范围（m/s^2）	16.7
对地绝缘电阻（Ω）	1×10^8
频率范围（Hz）	1～4000
谐振频率（kHz）	16
工作温度（℃）	−40～120
质量（g）	95

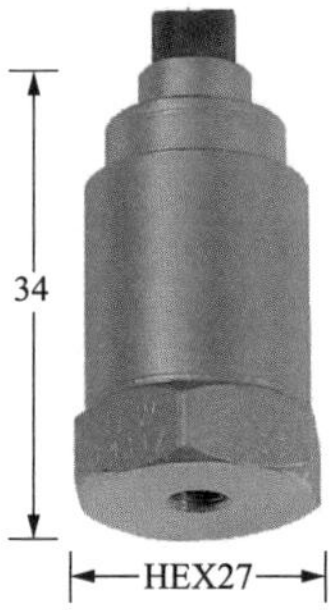

图 1-5　所选用加速度传感器外形

四、上位机软件

上位机软件为 GVTS，相应的软件功能示意如图 1-6 所示。根据图 1-6，可知 GVTS 软件功能包括以下 10 个区域：

1——波形显示区域，实时显示传感器采集到的时域波形；

2——频谱分析区域，实时将时域波形进行处理和计算，并对频域分布进行实时显示；

3——量程调节区域，进行 1、5、10V 三个量程的调节；

4——文件路径显示区域，在离线查看数据时，该区域可将文件的路径进行显示；

5——注释显示区域，保存文件时，可插入对文件的描述，并可在离线查看时进行显示；

6——文件操作区域，完成文件的打开、保存等操作；

7——幅值显示区域，实时显示 0～1kHz 的峰值和均方根值；

8——文件保存路径区域，设置文件的保存路径；

9——累加幅值显示区域，在测试时，实时将 100Hz 和 300Hz 分量 100 次的值累计显示，测试检测的稳定性；

10——Logo 及连接示意图区域，通过对该区域左侧矩形显示状态判断设备是否连接。

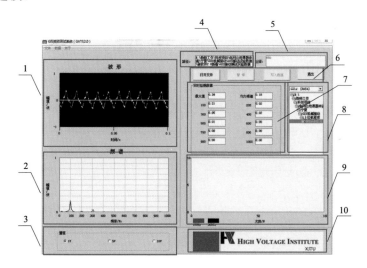

图 1 - 6　GVTS 软件功能示意图

第三节　GIS 振动检测应用案例

一、试验室试验

1. 试验设备及接线

在试验室的一台 252kV 带有隔离开关的 GIS 上进行实体试验，试验接线如图 1 - 7 所示。试验中电流源采用 FCG - 3000/5 数字式大电流发生器，该发生器采用数控技术，抗干扰能力强，采用低功耗、大容量的自耦线圈和高导磁率铁芯制作的变流器，其基本原理与电流互感器相似，仅仅是将电流互感器的线圈反过来用。该发生器最高输出电流可达 3000A。本次试验加压到 1000A 左右。试验电压可调，面板自带数显电流表。

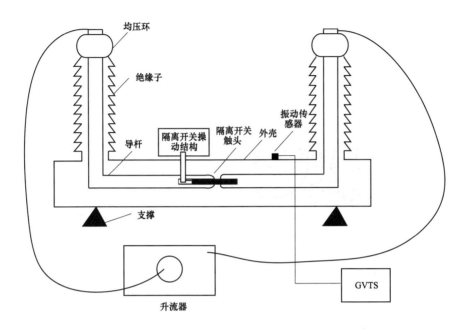

图 1 - 7　试验接线图

试验中，通过手动调节装置将隔离开关触头从微接触到紧密接触之间的距离分成三种情况，即微接触、中度接触和紧密接触。微接触状态为隔离开关拉开一点即电流施加不上，中度接触为动触头行至紧密接触一般时的状态，紧密接触为隔离开关触头正常闭合状态。隔离开关不同触头状态的示意图如图 1 - 8 所示。

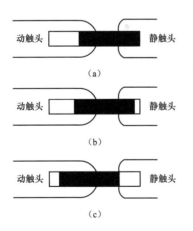

图 1 - 8　隔离开关触头不同接触状态示意图
(a) 状态 1 (紧密接触)；(b) 状态 2 (中度接触)；
(c) 状态 3 (微微接触)

通过对不同隔离开关触头状态下的大电流试验，252kV GIS 的两个套管分别为电流的进线与出线，由于通过电流过大，因此导线的通流能力值得注意。试验中采用 FCG - 3000/5 数字式大电流发生器自带导线与电缆串联的方法将大电流发生器的电流引至套管进线端，继而测试三相 GIS 中一相的振动情况，考虑到电缆的通流能力，采用电缆的三相并联的方式连接。为了降低导线与电缆连接的难度，并提升其通流能力，使用铜质宽连接线将二者连接，如图 1-9 所示。

　　如图 1-9 所示，为了得到最大的通流能力，电缆每一相与两条铜质宽连接线连接，再将电缆的三相连在一起，等同于一根导体，进而进行电流的导通。

图 1-9　GIS 导杆与升流器的连接线

电缆与 FCG-3000/5 数字式大电流发生器升流相连接的部分如图 1-10 所示。

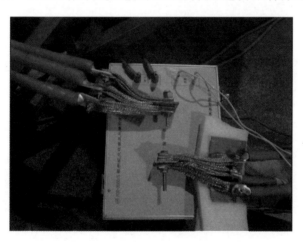

图 1-10　升流器与电缆连接示意图

　　图 1-10 中，电缆每一相与两条铜质宽连接线进行连接，电缆共三相，故有六条铜质宽连接线与 FCG-3000/5 数字式大电流发生器升流箱的一个出线端进行连接，而 FCG-3000/5 数字式大电流发生器升流箱共有两个出线端，故共有 12 条铜质宽连接线与 FCG-3000/5 数字式大电流发生器升流箱进行连接。

2. 试验结果与分析

对隔离开关不同触头状态下进行大电流试验，并进行振动测试。试验中电流从 0A 开始进行增加，步长为 50A，最大电流施加到 1000A，并对不同状态下的振动信号进行记录。

（1）状态 1。此时动静触头结合紧密，不同电流下的振动波形如图 1-11 所示。

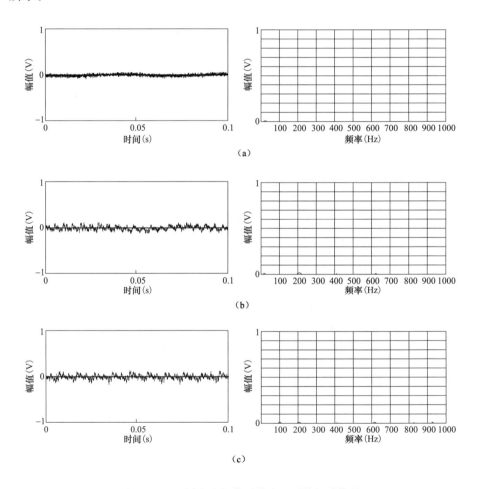

图 1-11　不同电流幅值时状态 1 下的振动信号

（a）电流为 50A 时的时域波形和频谱分布；（b）电流为 500A 时的时域波形和频谱分布；

（c）电流为 1000A 时的时域波形和频谱分布

根据图1-11不同电流状态1的振动信号的时域波形如频谱分布可以看出，在触头紧密闭合状态下，即使电流增加到1000A，振动信号均未出现异常，存在的只是幅值微弱的电磁噪声。

（2）状态2。该状态下隔离开关触头为中度接触状态，不同电流下的检测结果如图1-12所示。

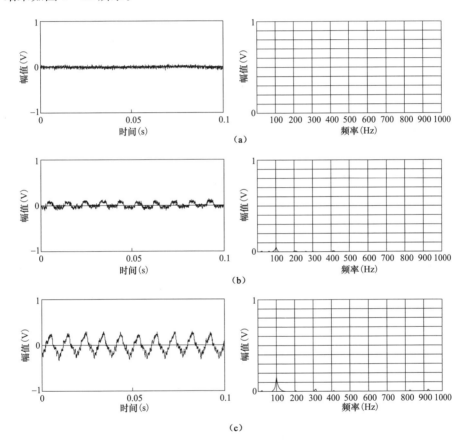

图1-12 不同电流幅值时状态2下的振动信号

（a）电流为50A时的时域波形和频谱分布；（b）电流为500A时的时域波形和频谱分布；

（c）电流为1000A时的时域波形和频谱分布

可以看出在状态2，随着外加电流的增加，系统已经出现了明显的振动信号，该信号以100Hz为主，并伴随有幅值较低的高频分量。从图1-12（c）

时域波形可以发现，当电流为 1000A 时，时域波形呈现三角波形式，幅值明显。不同电流下状态 2 的振动检测信号最大值如图 1-13 所示。

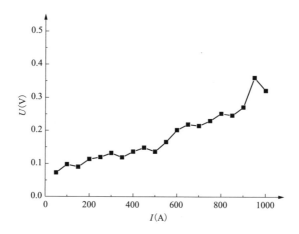

图 1-13　不同电流下状态 2 的振动信号分布

通过图 1-13 状态 2 振动信号的分析可知，随着外加电流幅值的增加，振动幅值呈现线性增加趋势，对其进行线性拟合，可得如图 1-14 所示结果。

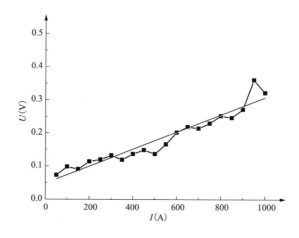

图 1-14　线性拟合结果

此时拟合公式为

$$y = 0.0466 + 2.59 \times 10^{-4} x \tag{1-5}$$

（3）状态3。状态3为动静触头处于微接触状态，该状态下电流可以流通，不同电流下的振动信号如图1-15所示。

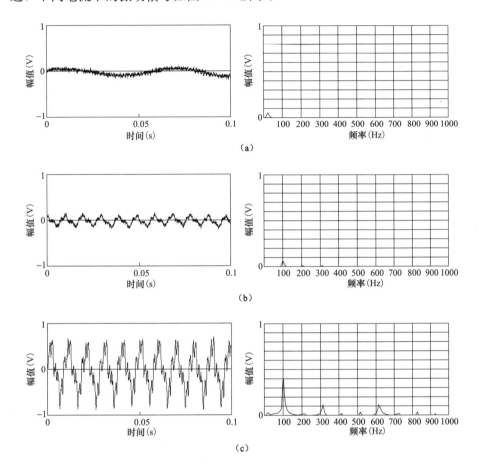

图1-15 不同电流幅值时状态2下的振动信号

(a) 电流为50A时的时域波形和频谱分布；(b) 电流为500A时的时域波形和频谱分布；

(c) 电流为1000A时的时域波形和频谱分布

从图1-15状态2的振动信号分析可以看出，随着外加电压的增加，振动信号幅值越来越大，且高频分量较为明显，特别是3倍频分量，除了基频的100Hz分量，在300、600Hz处出现了较为明显的信号，这也是此类故障的一个较为明显的特征。

该状态下不同电流时的最大幅值分布如图 1-16 所示。

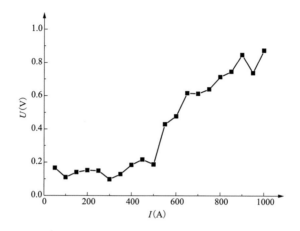

图 1-16　不同电流下状态 3 的振动信号分布

在该状态下，当电流增加到一定程度时，振动信号会发生图 1-16 所示的明显变化趋势。通过该状态下振动信号的分布分析可知，当电流超过 500A 时，振动信号幅值增加迅速。将状态 3 和状态 2 随电流增加振动信号的分布绘在一张图上，如图 1-17 所示。

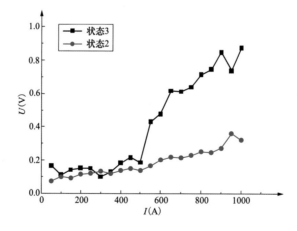

图 1-17　状态 2 和状态 3 振动信号对比图

通过状态 2、状态 3 振动信号的对比可知，当施加电流小于 500A 时，两者振动幅值的增加趋势类似，而当外加电流超过 500A，状态 3 的振动幅值增加速度远大于状态 2，表明触头接触越不良好，在大电流下的振动状态表现更明显。

通过试验室不同状态下隔离开关通流幅值的变化可以看出，当单相 GIS 触头接触良好时，不存在振动信号，一旦存在触头接触不良，由于电流线的收缩将会产生电动力，进而产生振动信号，特别是当流过触头的电流较大时，会导致振动信号迅速增加。触头接触不良时，振动信号存在以 100Hz 为基频的信号，且触头接触不良故障更严重时，会产生 300、600Hz 等 3 倍频分量，这也是此类故障的较为典型的特征。

二、现场试验

1. 高桥 220kV 变电站

高桥 220kV 变电站侧母线为双母结构，其中东侧检测到明显振动信号，之后工作人员对其进行了详细的检测。

（1）Ⅱ母电压互感器处检测结果。由于电磁式电压互感器绕组电动力的作用，此处检测到振动信号较为明显。Ⅱ母电压互感器处检测图谱如图 1-18 所示。

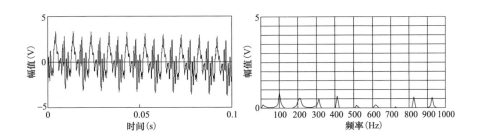

图 1-18　Ⅱ母电压互感器处检测图谱

由图 1-18 知，此处振动信号幅值达到了 3.69V，远高于试验室中的检测结果，而频谱分布表现为各个频段均有信号，没有明显的主频率。

（2）Ⅱ母掌高乙线。此处的检测结果如图 1-19 所示。

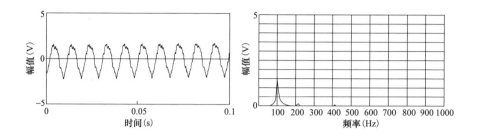

图 1-19 掌高乙线检测结果

从图 1-19 可以看出，此处的检测幅值为 2.27V，频谱分析主要为 100Hz 分量信号，此外，200Hz 处有很小的信号分量。通过试验室的分析可知，100Hz 信号分量主要是由三相母线的电动力作用引起的。

（3）Ⅰ母母线筒。Ⅰ母母线筒处的检测结果如图 1-20 所示。

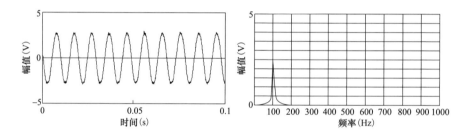

图 1-20 Ⅰ母母线筒检测结果

可以看出，Ⅰ母母线筒处振动信号幅值较高，达到了 3.02V，频率分量主要是 100Hz，其他频率处基本没有信号。

（4）Ⅰ母掌高乙线。此处的检测结果如图 1-21 所示。

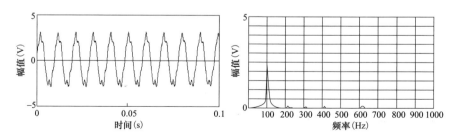

图 1-21 Ⅰ母掌高乙线检测结果

可以看出，此处的振动幅值达到了 3.22V，频谱分析以 100Hz 分量为主，且 300、600Hz 处也存在微小信号，疑似此处存在触头接触不良现象，但还需要进一步的跟踪观察。

通过对该变电站 220kV 侧振动信号的检测发现，该站 Ⅰ 母振动信号明显大于 Ⅱ 母，且振动幅值均在 3V 以上，特别是 Ⅰ 母掌高乙线有疑似的微弱接触不良。此外对电压互感器处的检测表明，电压互感器处的振动信号分布在各个频率段，没有典型的频率特征。

2. 河滨 220kV 变电站

河滨 220kV 变电站采用双母结构，每段母线三相共体，其中两条母线均采集到振动信号。相应的振动检测结果如图 1-22 所示。

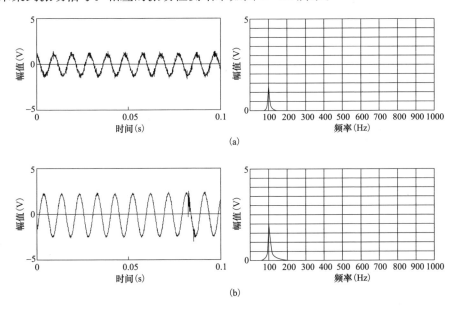

(a)

(b)

图 1-22　河滨站振动测试结果

(a) Ⅰ 母检测结果；(b) Ⅱ 母检测结果

由图 1-22 所示的河滨站振动测试结果可知，Ⅰ 母、Ⅱ 母的频谱均为 100Hz，相应的检测幅值分别为 1.54、2.87V，Ⅱ 母检测幅值明显大于 Ⅰ 母处。

通过大量的现场试验分析，GIS 的振动多数是主频为 100Hz 的振动信号，主要是与三相所承受的电动力有关。但实际振动情况除了与三相承受的电动力有关，还与母线长度、绝缘子与母线的压紧程度等有关，现场测试中发现有的有明显振动，而有的则没有明显振动。由于目前对 GIS 振动产生的原因，特别是存在机械故障时的振动特征掌握还不够全面，本书仅对触头接触不良这一种机械故障进行了模拟，其他诸如导杆不对心等还需要进一步的研究，并辅助于现场试验才能进一步的对检测结果进行故障判断。

第二章

GIS 温度检测技术

第一节　GIS 温度检测原理

一、热源与热量的流通路径

由于导电杆的电流热效应以及金属外壳的涡流热损耗，使 GIS 设备中存在热源。并且 GIS 设备的体积有限，导致其散热能力较差，故当 GIS 设备自身的温度上升超过国标规定的极限值时就会加速 GIS 设备的绝缘老化，从而直接减少其使用寿命，威胁到相关设备和人员的安全。从而在 GIS 设备运行过程中，为了及时预测其温度不超过极限值，有必要对 GIS 设备的温升规律进行深入分析。

高压 GIS 装置工作时，导电杆、金属外壳中会有电流和涡流损耗。这些损耗将转化成热量在金属内部传导，抑或是传导至周围介质中，最终导致 GIS 装置温度升高。在温升的初始阶段时，温度上升得快，但随着 GIS 内温度的逐渐升高，当 GIS 设备各组件之间的热量传递达到稳定状态时，GIS 各部分温度不会继续上升，此时为热平衡状态。在该阶段，导电杆电流热效应和外壳涡流产生的热量会全部散发至外部的空气中。

在热平衡状态下，GIS 设备内部热源产热到热传导的路径比较复杂。GIS 设备中一般有以下这几种热量流通路径：

（1）导电杆电流热效应、金属外壳涡流损耗所产生的热量，将由热源位置，通过一定规律的热传导方式，传导至导电杆和外壳的外表面。

（2）导电杆热源和外壳热源中的热量传导至其边界以后，导电杆及外壳的边界与导电杆外部 SF_6 气体及外壳外部空气之间存在温差。因此导电杆和外壳可以将热量传导至其边界以外的 SF_6 气体及空气中，使 SF_6 气体和空气的温度逐步上升。

（3）外壳与导电杆之间的 SF_6 气体通过热传导和热辐射的方式把热量传导给外壳，导致外壳温度升高；由于外壳与外界空气之间具有温差，再利用传热作用，将热量散发至外界空气中。

二、热传导计算

热传导的定义为：当导热介质内各部分存在温差时，热量会由介质中高温部分传导至低温部分。并且对于两个温度相异的导热介质，它们在互相接触时热量也会由温度高物体传导至温度低物体。

根据传热原理，假定有两个距离为 δ，表面积为 A、平行的表面，通过热传导传热方式传递的热量为

$$\varphi = A\lambda \frac{t_1 - t_2}{\delta} = A\lambda \frac{\Delta t}{\delta} \tag{2-1}$$

式中 λ——热传导系数，$W/(mm \cdot K)$；

δ——两平行平面的间距，mm；

Δt——两平行平面之间的温差，K；

A——两平行平面表面的面积，mm^2。

若使用单位面积上热负荷 q 表示热传导的传递热量，则可表示为

$$q = \frac{\varphi}{A} = \frac{\lambda \Delta t}{\delta} \tag{2-2}$$

式（2-1）也可写为

$$\varphi = \frac{\Delta t}{\dfrac{\delta}{A\lambda}} = \frac{\Delta t}{R} \qquad\qquad (2-3)$$

$$R = \frac{\delta}{A\lambda}$$

式（2-3）中的 R 又称作热阻。

三、对流传热计算

对流传热可分为自然对流传热和强迫对流传热两种形式。对于自然对流传热，若导热介质为流体，则在热源表面导热的流体介质温度会升高，从而使流体介质的密度下降。流体介质的密度变化必将导致介质的流动，而介质和热源表面的温差状况决定了介质流动的方向。在此状况下，GIS 壳内的 SF_6 气体受到导电杆热源加热后会上升。

自然对流传导的热量与气体的物理性质、GIS 导电杆、金属外壳、气体的温度及 GIS 的结构布局有关。当液体作为传热介质时，液体冷却速度的快慢与液体的比热容、密度、黏度和热传导系数相关。当气体作为传热介质时，传热速度的大小和气体密度相关。在 GIS 中，导电杆与外壳上单位面积通过自然对流传导的热量可依照式（2-4）进行计算，即

$$q_k = \alpha_k \tau \qquad\qquad (2-4)$$

式中　τ——发热体与介质的温差，K；

　　　α_k——对流传热系数，$W/(mm^2 \cdot K)$。

四、辐射传热计算

同热传导及热对流必须通过直接接触进行传热不同，热辐射以电磁波为媒介向外传递热量，其传热不要求有中间介质。

辐射方式传递的热量可表示为

$$\varphi = \varepsilon_1 A_1 \left[\sigma \left(\frac{T_1}{100} \right)^4 - C_0 \left(\frac{T_2}{100} \right)^4 \right] \qquad (2-5)$$

式中　φ——两表面间以热辐射方式完成的传热量；

　　　A_1——辐射表面的面积，m^2；

T_1、T_2——两表面的温度，K；

　　　ε_1——物体 1 的黑度；

　　　σ——黑体辐射系数。

热辐射传导的热量通过电磁波从热源辐射至其周边的低温介质，相应的传导能量与热源及受热体的类别、温度以及它们的物理性质相关。

五、热稳态分析

系统达到热稳态时，热量传递将维持恒定。此时物体之间的热量流动不再随时间的变化而改变，在这一状态下，对温度和热流进行研究，即为稳态热分析。稳态热平衡满足热力学第一定律，由于热能流动不随时间变化，此时系统内温度的分布情况也不会随时间的变化而变化。本书的稳态热分析使用了 ANSYS 中的 Icepak 有限元软件，利用仿真分析稳定热源影响下 GIS 各组件温度分布。对于稳态热分析，表示热平衡的偏微分方程表示为

$$\frac{\partial}{\partial x}\left(\lambda \frac{\partial T}{\partial x} \right) + \frac{\partial}{\partial y}\left(\lambda \frac{\partial T}{\partial y} \right) + \frac{\partial}{\partial y}\left(\lambda \frac{\partial T}{\partial y} \right) = q_v \qquad (2-6)$$

式中　λ——介质导热系数；

　　　T——温度；

　　　q_v——单位体积的热流量。

ANSYS 中 Icepak 有限元仿真软件可以分析共轭传热问题，并对固体域热传导模块结合流体域热对流模块进行计算。通过直接耦合、间接耦合两种形式对 GIS 设备热场—流场耦合的多物理场进行有限元仿真计算与分析，能够获得 GIS 设备内部温度分布和流速分布状况。由于在额定电流下，导电杆的电流热效应损耗和外壳的涡流损耗不会随时间变化，从而可以将导电杆电流热效

应损耗和外壳涡流损耗发热问题、GIS 温度分布以及 SF$_6$气体流速分布简化成稳态分析问题。在仿真计算分析中，将电流热效应损耗以及涡流损耗作为边界条件施加于待求解模型，即可计算出 GIS 温度场分布情况，以单位长度的 GIS 为研究对象。热稳态时，GIS 导电杆的损耗 P_M 可由热辐射的形式将能量传导至 GIS 金属外壳，也可通过自然对流的形式将能量传导至 GIS 金属外壳。相应的热平衡方程表示为

$$P_M = Q_{MF} + Q_{MD} \tag{2-7}$$

$$Q_{MF} = \frac{\sigma \pi D_M \left[\left(\frac{v_m + 273}{100} \right)^4 - \left(\frac{v_k + 273}{100} \right)^4 \right]}{\frac{1}{\varepsilon_m} + \frac{D_K}{D_K - 2C_K} \left(\frac{1}{\varepsilon_k} - 1 \right)} \tag{2-8}$$

$$Q_{MD} = \frac{v_m - v_k}{\frac{1}{2\pi \lambda_e l} \ln \frac{D_K - 2C_K}{D_M}} \tag{2-9}$$

式中　　v_m、v_k——GIS 导电杆、GIS 金属外壳的温度；

$\qquad$ ε_m、ε_k——GIS 导电杆、GIS 金属外壳的辐射率；

$\qquad$ D_M、D_K——GIS 导电杆、GIS 金属外壳的外径；

$\qquad$ C_K——GIS 金属外壳的厚度；

$\qquad$ σ——斯忒藩-玻耳兹曼（Stefan - Boltzmann）常量；

$\qquad$ λ_e——介质的等效传热系数。

对于 GIS 金属外壳，除了其自身的涡流损耗 P_K 外，还有从导电杆传导过来的热量 P_M，以及由其他介质通过热辐射传导过来的热量 P_R。在热平衡状态下，上述三部分的热量将全部以自然对流及热辐射的形式传导至外界环境，分别记这两部分热量为 Q_{KF} 和 Q_{KD}，因此可得出第二热平衡方程，即

$$P_M + P_K + P_R = Q_{KF} + Q_{KD} \tag{2-10}$$

$$Q_{KF} = \varepsilon_k T \pi D_M \left[\left(\frac{v_k + 273}{100} \right)^4 - \left(\frac{v_0 + 273}{100} \right)^4 \right] \tag{2-11}$$

$$Q_{KD} = \alpha_{KD} \pi D_K (v_k - v_0) \tag{2-12}$$

式中 v_0 ——环境温度;

α_{KD} ——GIS 金属外壳与环境的对流传热系数。

当 GIS 的物理状态不变时,式(2-11)中的各个部分仅为关于 v_m 和 v_k 的非线性方程,故式(2-10)～式(2-12)可以组成非线性方程组,并从中解得 v_m、v_k。若 v_{mp}、v_{kp} 为 GIS 导电杆和 GIS 金属外壳的温度极限值,当满足 $v_m < v_{mp}$,$v_k < v_{kp}$ 时,即满足散热要求。

第二节 基于 GIS 温度检测技术介绍

一、温度关系经验公式

在 GIS 设备现场运行过程中,无法停电检测,因为其密闭的结构导致带电检测过程中无法直接获取内部导体的温度。为了保障设备的正常运行,研究人员致力于寻找内部导体温度与外壳温度之间的数值关系,以期通过 GIS 外侧壳体温度的变化判断该位置内部导体的运行情况,排除异常温升的可能性。此处通过仿真计算,对内部温升与外壳温升的数值关系进行拟合,得出经验公式,指导现场试验。

图 2-1 反映了环境温度对各电压等级 GIS 温度的影响。

图 2-1 中,由于受 SF$_6$ 气体分子热运动的影响,热量更多地传递到顶部,导致外壳顶部的温度更高,其数值的变化对于反映内部导体的温度更加精确,从而相应的外壳温度均选取顶部外壳温度;并且在现场试验时,研究人员通常使用红外热像仪对 GIS 外壳进行测温,顶部壳体的温度更高,在红外图像中与周围环境的对比更加明显,更容易反映温升数值。

通过图 2-1 可以清楚地得到,环境温度的变化对于内外部的温度值起到一个基础的抬升或降低,数值关系上呈现线性关系。由于各电压等级 GIS 设备尺寸的不同,在相同环境温度下,导杆温度并非随着电压等级的提高而提

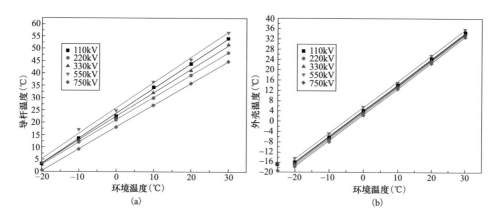

图 2-1　环境温度对各电压等级 GIS 温度的影响

（a）导杆温度与环境温度关系图；（b）外壳温度与环境温度关系图

高，而是电流在导杆上产生的热效应与气室内绝缘气体流动散热共同作用的一个结果，相对的，550kV GIS 设备因为较大的工作电流且壳体结构性相对紧凑，在温升数值上最大；外壳暴露在空气中，并且越远离中心导杆，SF₆ 气体的温度越低，所以外壳温升数值整体偏小，各电压等级 GIS 设备外壳温度差异不大。通过分析，可以得出环境温度在研究内外部温升数值关系时起到一个常量的作用。

图 2-2 反映了外界风速对各电压等级 GIS 温度的影响。

图 2-2 数据中，外壳温度均选取顶部外壳温度。

通过关系图可以得到外界风速与内外部温升数值呈现非线性递减的关系，并且前期小数值风速的变化，对于导杆和外壳温度变化的作用相对明显，后期随着风速不断增大，每增加 1m/s 的风速，外壳降低的温度值更小。在各电压等级 GIS 设备中，110kV GIS 受风速降温效果最为明显，主要原因为 110kV 采用三相共箱式结构，导杆距离外壳更近，SF₆ 气体起传热介质作用，将热量从导杆传递到外壳的同时，将热量通过外壳传递到外界空气，达到一个传热与散热的平衡。750kV GIS 降温效果最不明显，由于该电压等级设备尺寸很大，尽管工作电流最大，但导杆与外壳的距离也最大，有利于 SF₆ 流动散热。通过分析可

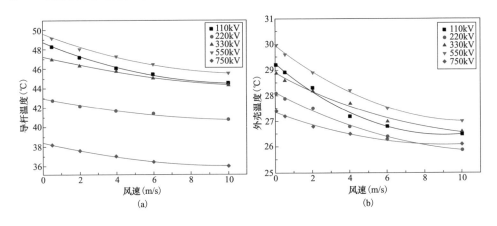

图 2-2 外界风速对各电压等级 GIS 温度的影响

（a）导杆温度与风速关系图；（b）外壳温度与风速关系图

得，外界风速在影响内外部温升数值关系时起到一个非线性变量的作用。

综合考虑各因素影响，此处通过对外壳温升、环境温度、风速和导杆温度四者数值关系进行拟合，总结出针对不同电压等级 GIS 隔离开关的导杆温度推算经验公式，即

$$110\text{kV}: \qquad T=(5.831+0.136v^{1.757})\times \Delta T+T_{\text{amb}} \qquad (2-13)$$

$$220\text{kV}: \qquad T=(5.879+0.165v^{1.872})\times \Delta T+T_{\text{amb}} \qquad (2-14)$$

$$330\text{kV}: \qquad T=(5.550+0.312v^{1.376})\times \Delta T+T_{\text{amb}} \qquad (2-15)$$

$$550\text{kV}: \qquad T=(5.033+0.162v^{1.135})\times \Delta T+T_{\text{amb}} \qquad (2-16)$$

$$750\text{kV}: \qquad T=(5.448+0.161v^{1.435})\times \Delta T+T_{\text{amb}} \qquad (2-17)$$

式中　T——内部导杆温度数值，℃；

　　　v——外部环境的风速，m/s；

　　　ΔT——表面壳体最大温升数值，℃；

　　　T_{amb}——外部环境温度，℃。

本书在 110kV GIS 隔离开关中，当环境温度 25℃，风速为 2m/s，外壳温升为 3.3℃时，通过经验公式计算出导杆温度为 47.9℃，仿真温度为 47.5℃，误差为 0.84%；在 330kV GIS 隔离开关中，当环境温度 25℃，风速为 6m/s，

外壳温升为 2.4℃，通过经验公式计算出导杆温度为 47.1℃，仿真温度为 45.9℃，误差为 2.6％。误差均低于 5％，在可接受范围之内。由以上对比验证，可知经验公式能有效估算隔离开关导杆温度。

二、异常温升判据

正常工况下，各电压等级 GIS 设备表面壳体温升数值不会超过 5℃。结合现场试验数据及参考 GB/T 11022—2011《高压开关设备和控制设备标准的共用技术要求》中的相关规定，凡温度超过标准，根据设备超标的程度及设备负荷率的大小来确定设备缺陷的性质。

壳体局部温差指同一部位的壳体表面最高温度和最低温度的差值。在 GIS 设备中通常表现为顶部外壳和底部外壳的温度差值。

GIS 设备异常温升缺陷的等级可分为：

（1）严重热缺陷（Ⅰ）：壳体表面温升超过 15℃，或壳体局部温差超过 9℃；

（2）一般热缺陷（Ⅱ）：壳体表面温升超过 10℃，或壳体局部温差超过 6℃；

（3）热隐患（Ⅲ）：壳体表面温升超过 5℃，或壳体局部温差超过 3℃。

当壳体表面温升小于 5℃，或壳体局部温差小于 3℃，可认为设备正常运行发热，并注意不定期监测。

第三节　GIS 温升检测技术应用案例

一、试验方案

1. 试验设备

试验方案所采用的 550kV GIS 试验平台包括回路电阻测试仪、5000A 大电流发生器、K 型热电偶传感器、热电偶温度显示器以及红外热成像设备等，相应的试验现场、热电偶传感器、温度传感器以及热电偶传感器布置如图 2-3～图 2-6 所示。

图 2-3　550kV GIS 试验平台现场图

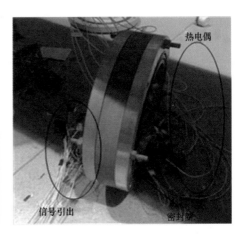

图 2-4　Pt100 热电偶传感器

图 2-5　温度显示器

图 2-6　隔离开关上热电偶布置点

2. 直线型母线不同电流下的温升试验

直线型母线不同电流下的温升试验的试验步骤为：

（1）试验前，将热电偶 P1 安装在导杆处；将热电偶 P2 安装在在对应导杆的 GIS 外壳内壁的上方处，热电偶 P3、P4 安装在外壳内壁的左右两侧，热电偶 P5 安装在外壳内壁的底部，具体安装位置如图 2-7 所示。

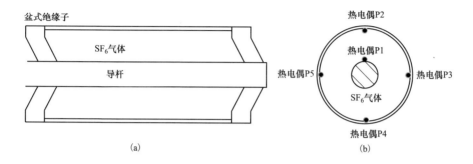

图 2-7　直线型母线热电偶安装示意图

（a）正视图；（b）侧视图

（2）热电偶测量线通过 GIS 侧边的窗口，并穿过一层环氧树脂板引出，接在温度显示器上，并用环氧树脂板紧密固定在窗口，保证 GIS 气室密闭。

（3）检查设备的气密性，确认无误后，充入 0.4MPa 的 SF_6 气体。

（4）在未通电情况下，测量外部环境、导杆和外壳的温度并记录，作为初始值。

（5）用大电流发生器给母线回路通上 500A 的恒定电流，每隔 30min 记录一次各热电偶的温度，并用红外成像设备测量 GIS 外壳外侧的温度并记录。若连续 1h 采集点的温度变化不超过 1K，则认为温升到稳态。

（6）将大电流发生器关断，断开电流回路。

（7）待回路温度降到室温，进行下一组试验，返回第（5）步，依次取 1000、1500、2000、2500A 的回路电流，共进行 5 组试验。

（8）记录各回路电流下的导杆和外壳的温度，总结导杆温度和外壳温度的对应关系。

3. 不同接触电阻下的隔离开关的温升试验

不同接触电阻下的隔离开关的温升试验步骤为：

（1）将隔离开关处于完全插入状态，使得触头处的接触电阻处于最小值，并通过回路电阻测量仪测量，记录该初始的接触电阻值。

（2）通过手动摇杆改变隔离开关触头的插入深度，使测量的接触电阻达到电阻测试仪的最大量程，记录该最大的接触电阻值。

（3）按照图 2-8 将热电偶 P1、P2 安装在动静触头处，热电偶 P3、P4 安装在屏蔽罩处，热电偶 P5、P6 安装在隔离开关对应的 GIS 外壳内壁的上下侧，热电偶 P7、P8、P9 安装在临近的外壳内壁的上侧、边侧和下侧。热电偶测量线通过 GIS 侧边的窗口，并穿过一层环氧树脂板引出，接在温度显示器上。用环氧树脂板紧密固定在窗口，保证 GIS 气室密闭。

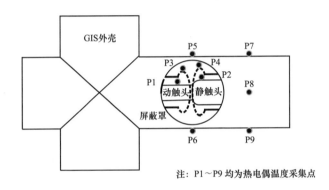

注：P1～P9 均为热电偶温度采集点

图 2-8　隔离开关的热电偶安装示意图

（4）试验前，通过手动摇杆，将触头位置调制正常。

（5）检查试验平台的气密性，气密性正常后在气室内充入 0.4MPa 的 SF_6 气体。

（6）在未通电情况下，测量外部环境、隔离开关、屏蔽罩和外壳的温度并记录，作为初始值。

（7）用大电流发生器给隔离开关回路通 2000A 的恒定电流，每隔 30min 记录一次各热电偶的温度，并用红外成像设备测量 GIS 外壳的温度并记录。若连续 1h 采集点的温度变化不超过 1K，则认为温升达到稳态，记录稳态时刻的触头、屏蔽罩和外壳内外侧的温度。

（8）将大电流发生器关断，断开电流回路。

（9）待回路温度降到室温进行下一组试验，返回第（4）步，依次调节整个试验回路电阻为 100、150、200、500、800μΩ，并重复第（5）～（7）步的试验内容，共进行 6 组试验。

（10）记录各接触电阻下的触头和外壳温度，总结触头温度和外壳温度的对应关系。

二、试验结果

1. 直线型母线不同电流下的温升试验

隔离开关正常接触，负载电流分别为 500、1000、1500、2000A 以及 2500A 时，各测温点稳态温升试验结果如表 2-1 所示：

表 2-1　　　　　　　　　　不同负载电流下温升情况

电流（A）	触头温升（℃）	母线温升（℃）	外壳顶部温升（℃）	外壳底部温升（℃）
500	0.4	0.3	0.1	0.1
1000	3.0	2.7	1.2	1.0
1500	7.2	6.7	2.8	2.0
2000	9.3	7.7	4.0	2.6
2500	13.7	11.8	6.5	4.0

利用表 2-1 数据，在不同负载电流下，对触头温升与外壳顶部温升进行拟合，相应的拟合关系如图 2-9 所示。

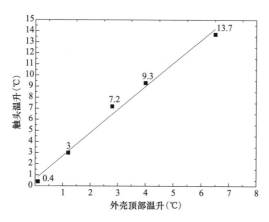

图 2-9　不同电流下触头与外壳顶部温升对应关系

由图 2-9 可以直观地发现，不同电流下，触头与外壳顶部的温升两者之间呈线性关系，当触头温度达到稳态时，外壳顶部温升随着负载电流增大而增大。从关系式上看，在测量数据范围内，当外壳顶部温度上升 1℃ 时，内部的触头温度上升约 2℃。

2. 不同接触电阻下 GIS 母线温升试验

现场通过测量试验回路的电阻间接测量 GIS 内部隔离开关的接触电阻，由摇杆调整隔离开关的触头间距改变接触电阻，从而改变整个回路电阻值的方法。试验回路如图 2-10 所示。

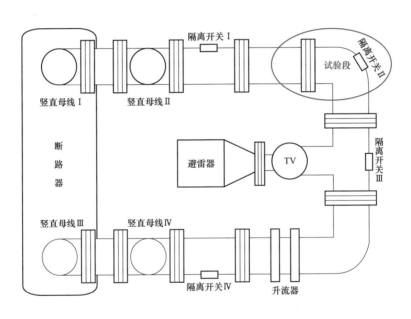

图 2-10　试验回路示意图

经测量，当隔离开关处于触头完整插入时的正常工作状态时，整个回路电阻为 $102\mu\Omega$。试验中，保持负载电流为 2000A，通过手摇摇杆调整，回路电阻分别为 102、150、200、500、800$\mu\Omega$。

负载电流为 2000A 时，不同回路电阻下触头、顶部外壳、底部外壳随时间的温升变化曲线如图 2-11～图 2-13 所示。

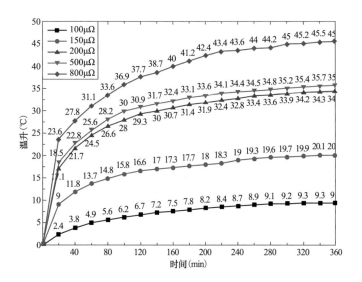

图 2-11　不同回路电阻下触头温升随时间变化曲线图

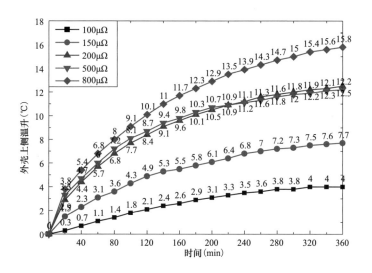

图 2-12　不同回路电阻下外壳顶部温升随时间变化曲线图

从图 2-11 的数据可分析得到，若隔离开关通入 2000A 的负载电流，在
0～60min 内由于气体的散热过程缓慢，触头的温度急剧升高，与环境温差越
来越大；从 120min 开始，随着触头温度继续升高，触头向周围 SF_6 气体散发
的热量越来越多，故温度上升的速度逐渐变慢，上升趋势减缓，直到 300min

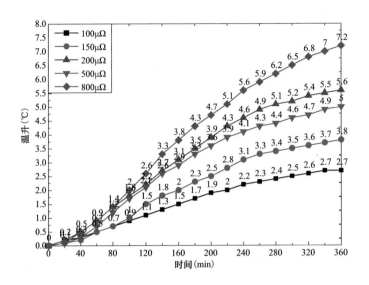

图 2-13 不同回路电阻下外壳底部温升随时间变化曲线图

之后，发热和散热过程达到一个动态的平衡，触头的温度基本稳定。可以看出，在正常的回路中通以 2000A 的大电流，触头最后的稳态温升只有 9.3℃；当接触电阻增大 700$\mu\Omega$ 时，触头温升达到 46℃，远远大于正常情况。运行过程中，550kV 的 GIS 工作电流远大于 2000A，并且触头局部的温度会更高，这是相当危险的情况，很可能导致附近环氧树脂的软化以及绝缘结构的破坏。

分析图 2-12 可得，GIS 外壳温度在 0～120min 时间内上升较快，之后变得缓慢，并在 320min 之后达到动态稳定。同样的，回路电阻越大，顶部外壳温升越大。正常情况下，稳态温升约 4℃；在 800$\mu\Omega$ 的回路电阻下，温升达到 15.6℃，几乎是正常情况下的 4 倍。

分析图 2-13 可得，在 0～40min 内，底部外壳的温升较慢，在 40～200min 内，温度快速上升，并在 320min 以后达到动态稳定。因为气体受热膨胀时向上运动，所以 0～40min 内触头附近受热的 SF_6 气体向外壳顶部汇聚，而底部的外壳仍然是相对冷却的状态，热量并没有对流传导过来。40min 之后，顶部较热的 SF_6 气体逐渐向四周扩散以及触头温度的不断上升，导致底部外壳的温度开始加速上升。正常情况下，温升约 2.7℃，在 800$\mu\Omega$ 的回路电阻下，温升到达 7℃。

通过图 2－12 和图 2－13 的比对分析知，在相同时间点、相同回路电阻的情况下，顶部外壳的温升明显比底部外壳温升要高。正常情况下约高 1.3℃，在实际工程中并不明显；然而在 $800\mu\Omega$ 的回路电阻下，顶部比底部高了约 8℃。若现场采用红外热像设备探测，则非常明显，可作为隔离开关异常发热的一种检测方式。

实际运行过程中，触头温度不能直接测量，外壳的温度可以通过红外热像设备进行检测，所以本书希望能找到外壳温度与触头温度之间的关系，总结出经验公式，计算触头的工作温度，提供一定的工程意义。相应的触头与外壳温度关系如图 2－14 所示。

由图 2－14（a）可知，触头温升与顶部外壳温升大致呈线性关系，外壳每升高 1℃，对应内部触头温度大约升高 3.2℃。由图 2－14（b）可知，触头温升与底部外壳温升大致呈线性关系，外壳每升高 1℃，内部触头温度升高约 8.1℃。

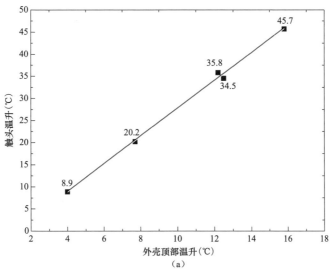

图 2－14　不同回路电阻下触头与外壳温升关系图（一）

（a）触头与顶部外壳温升关系

37

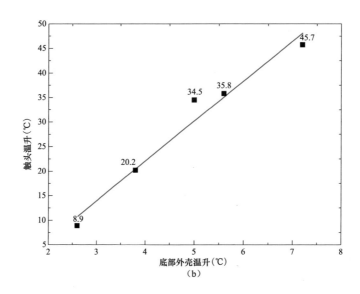

图 2-14 不同回路电阻下触头与外壳温升关系图（二）

（b）触头与底部外壳温升关系

通过顶部外壳与底部外壳的对比，可知顶部外壳的温度变化范围更大，能更接近地反映内部触头的温升，在实际红外测量中，建议选择隔离开关顶部外壳处测温。

第三章

GIS 声学成像检测技术

第一节　GIS 声学成像检测原理

大型机械设备运行时，不可避免地产生振动和声学信号，近年来基于声学信号的异常检测和定位进展迅速，已广泛应用于汽车、旋转机械、航空航天等领域。目前进行可听频段的声源定位方案主要有远场波束成型（Beamforming，BF）、近场声全息（Acoustical Holography，AH）及声强扫描法三种。

一、远场波束成型

波束成型是后处理阵列各传声器接收声压信号的一种数学方法，早期的噪声源识别波束形成算法是简单的"延迟求和"，其基本思想是，对阵列各传声器接收的声压信号按声源计算平面上各聚焦网格点位置进行"相位对齐"和"求和运算"，在加强声波来向波束水平的同时有效衰减其他方向的波束水平，从而有效识别噪声源。

随着技术的发展，基于互谱延迟求和的波束形成取代一般的延迟求和，其对阵列传声器接收声压信号的互谱进行相位补偿和求和运算，并在互谱矩阵中除去自谱元素，有效抑制了通道噪声的干扰，衰减了旁瓣，提高了声源识别的准确性。进一步，在互谱延迟求和的基础上，受到最小化模型声场与真实声场间的差函数的方法的启发，构建模型声场与真实声场间互谱的差函数，引入互谱成像函数，该算法有效考虑了球面波传播过程中各传声器接收声音信号幅值的差异性，改善了波束成型的声源识别性能。

延迟求和是波束成型声源识别最基本的理论，早期的理论建立是基于平面波模型，假设阵列各传声器接收声压信号的幅值相同、相位不同，平面波波束成型对声源识别分辨率、有效动态范围等性能的研究具有重要意义。实际声源识别中，阵列传声器位置处声场更接近球面波。

1. 基于平面波模型的延迟求和

如图 3-1 所示，$\vec{k}_0$ 为平面波传播方向的波数向量，$\vec{\kappa}$ 为聚焦方向的单位向量，聚焦方向的波数向量 $\vec{k}=-k\vec{\kappa}$，其中 $|\vec{k}_0|=|\vec{k}|=k=\omega/c$，声音的圆频率 $\omega=2\pi f$，c 是声速。

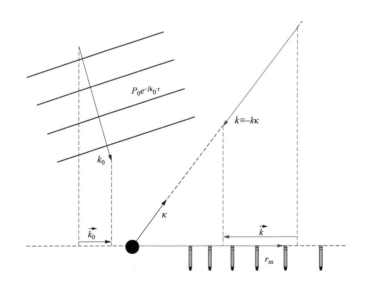

图 3-1　平面波假设的理论示意图

若 $\vec{r}_m$ 为 m 号传声器的坐标向量，传声器序号 $m=1,2,\cdots,M$。设原点

为参考位置，P_0 为该位置的声压信号，$|P_0|$ 为声压幅值，则阵列各传声器接收到的声压信号 P_m

$$P_m(\omega) = P_0 e^{-jk_0 \cdot r_m} \qquad (3-1)$$

当波束成型的聚焦方向为 $\vec{\kappa}$ 方向时，m 号传声器相对于原点的时间延迟量 $\Delta_m(\vec{\kappa})$ 为

$$\Delta_m(\vec{\kappa}) = \frac{\vec{\kappa}\,\vec{r}_m}{c} = \frac{-\vec{k}\,\vec{r}_m}{\omega} \qquad (3-2)$$

根据延迟求和，按 M 个传声器归一化的波束成型的输出结果 $B(\vec{\kappa},\omega)$ 为

$$B(\vec{\kappa},\omega) = \frac{1}{M}\sum_{m=1}^{M} P_m(\omega) e^{-j\omega\Delta_m(\vec{\kappa})} = \frac{P_0}{M}\sum_{m=1}^{M} e^{j(\vec{k}-\vec{k}_0)\cdot\vec{r}_m} \qquad (3-3)$$

显然，时间延迟量 $\Delta_m(\vec{\kappa})$ 取决于波束成型的聚焦方向为 $\vec{\kappa}$，以此量对各传声器的声压信号进行相位校正，在实际计算过程中，扫描可能的聚焦方向 $\vec{\kappa}$（0~360°），当聚焦方向恰好等同于声波来向 $\vec{k}_0$ 时，校正后各传声器声压信号一致，波束成型幅值等于平面波幅值 $|P_0|$，形成"主瓣"，当聚焦方向不同于声波来向时，校正后各传声器声压信号的相位仍存在差异，叠加求和时幅值被衰减，形成"旁瓣"如图 3-2 所示，从而有效识别声源。

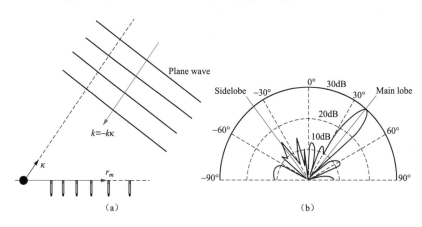

图 3-2 平面波假设的延迟求和结果

（a）平面波示意图；（b）波束成型示意图

41

2. 阵列性能指标的定义

由式（3-3）可知，波束成型的声源识别结果，有参考位置声压信号与和阵列各个传声器的信号位置等参数的乘积。习惯上，定义 $\vec{\kappa} = \vec{k} - \vec{k_0}$ 为聚焦方向波数向量与声波来向波数向量的差向量，则式（3-3）可以改写为

$$B(\vec{\kappa},\omega) = P_0 W(\vec{K}) \qquad (3-4)$$

$$W(\vec{K}) = \frac{1}{M}\sum_{m=1}^{M} e^{j\vec{K}\cdot\vec{r_m}} \qquad (3-5)$$

式（3-5）中的 $W(\vec{K})$ 定义为阵列模式（见图3-3），波束成型的输出结果等于参考位置声压信号与阵列模式的乘积，阵列模式取决于传声器的位置，反映了传声器阵列的性能。以上理论推导虽然都是在平面波假设下的进行的，但反映了波束成型的基本思想和方法，故阵列的性能指标都是按此方法定义的。

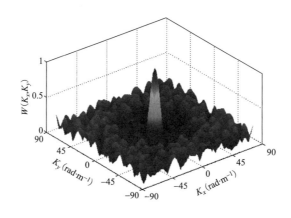

图 3-3　阵列模式

基于最简单的声传播原理，阵列的主要性能指标有分辨率、最大旁瓣水平（动态范围）、频率范围。

（1）分辨率。阵列的分辨率是指空间分辨率，定义为声源计算平面上能够被准确识别的两等强度声源间的最小距离，反映了波束成型的声源空间分辨率能力。为构建空间分辨率的数学表达式，建立如图3-4所示的模型图。

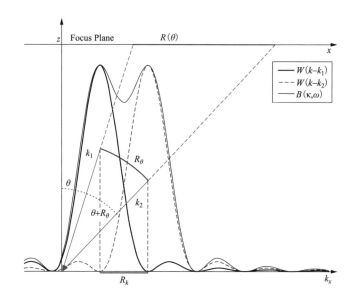

图 3-4　分辨率瑞利准则

若声源计算平面 $z = z_0$，$\vec{k}_1$、$\vec{k}_2$ 为分布 xoz 平面上的两束平面波的单位波数向量（幅值为 1），则波束成型的输出结果为

$$B(\vec{\kappa}, \omega) = W(\vec{k} - \vec{k}_1) + W(\vec{k} - \vec{k}_2) \tag{3-6}$$

根据"瑞利准则"，当 $W(\vec{k} - \vec{k}_2)$ 的主瓣峰值恰好落在 $W(\vec{k} - \vec{k}_1)$ 的主瓣零点位置时，两平面波恰好能被准确地分辨，即波束成型的在声源平面上的某位置的空间分辨率等于该位置处声源对应的主瓣的宽度。根据图 3-4 的设置，推导出平面传声器阵列空间分辨率 R 的表达式为

$$R = \frac{1.22}{\cos^3\theta} \cdot \frac{z_0}{D}\lambda \tag{3-7}$$

式中　D——阵列尺寸（孔径）；

　　　λ——声音波长（声速/频率）；

　　　z_0——声源计算平面与传声器阵列平面间距离；

　　　θ——声波传播方向与阵列中心轴线方向的夹角（实际应用中，一般设定 θ 不大于 $30°$，称其最大值为阵列张角）。

从式（3-7）可知，在 z_0、D、θ、c（声速）等参数均为定值时，分辨率和声源频率 f 成反比，即频率越高，R 越小，阵列定位精度越高；反之，当声源频率越低时，R 越大，定位精度越低，阵列的有效使用频率范围的下限，往往都是由于频率过低，分辨率太差，无法有效进行声源识别。

（2）最大旁瓣水平（动态范围）。旁瓣是延迟求和波束形成的固有特性，声源计算平面上旁瓣叠加形成"鬼影"，影响声源识别的准确性。定义最大旁瓣水平相对于主瓣峰值水平的差值为有效动态范围，其反映了传声器阵列抑制旁瓣鬼影的能力。

定义阵列模式径向分布函数为（在某一个波数幅值下，扫描不同方向的最大值）

$$W_P(\vec{K}) = 10\log_{10}\Big[\max_{|\vec{K}|=K} |W(\vec{K})|^2\Big] \qquad (3-8)$$

定义最大旁瓣水平函数（Maximum Sidelobe Level，MSL）为

$$MSL(\vec{K}) \equiv \max_{K_{\min}^0 < K' < K} W_p(K') = 10\log_{10}\Big[\max_{K_{\min}^0 < |\vec{K}| \leqslant K} |W(\vec{K})|^2\Big] \quad (3-9)$$

麦克风阵列的有效动态范围是实现传声器阵列性能分析的前提，对传声器阵列的设计、优化、选型、应用具有重要的意义。在实际计算过程中，一般 $K_{\min}^0$ 可以从 0 开始进行计算，最大值 $K_{\max}^\theta$ 一般根据分析的最大声波频率 $f_{\max}$ 和阵列张角 θ 计算，即

$$K_{\max}^\theta = \frac{2\pi f_{\max}}{c}(1+\sin\theta) \qquad (3-10)$$

在 $K_x - K_y$ 笛卡尔坐标系中，令 K 在 $[0, K_{\max}^\theta]$ 范围内按特定步长变化，与 x 轴正向的夹角 φ 在 $[0, 2\pi]$ 范围内按特定步长变化，对应 $[K_x, K_y] = [K\cos\varphi, K\sin\varphi]$，根据式（3-5）计算阵列模式，根据式（3-8）和式（3-9）得出 W_P 和 MSL 随波数 K 的变化关系。图 3-5 为 MSL 曲线。

一般情况下的阵列当频率过高时，相邻的麦克风支架的间距，大于分析频率的半波长，导致空间分辨率不够，会出现明显的鬼影，故麦克风阵列的频率上限受制于 MSL。

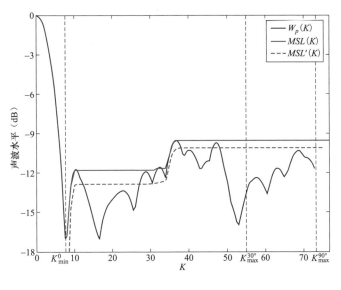

图 3-5　MSL 曲线

（3）频率范围。一般使用的阵列单个麦克风的频率范围常用的有 20Hz～20kHz，测量的有效声音信号数据频率范围也可达到 20Hz～20kHz，但根据以上讨论可知，阵列定位系统的低频主要受限于分辨率，由式（3-7）可知，频率越低分辨率越差。而高频主要受限于由空间混叠导致的鬼影，频率过高时，阵列的有效动态范围较小，无法分辨出鬼影和次大声源。

二、近场声全息

近场声全息的基本原理是在紧靠被测声源物体表面的测量面上记录噪声数据，然后通过空间声场变换算法重构空间声场，声全息技术虽然在低频具有较好的分辨率，但是测试时需要离被测对象很近，而且需要声全息阵列测量声辐射的主要部分（完全覆盖的噪声源，再加上大约 45°的立体角）针对体积较大或空间较小的区域很难实现。图 3-6 和图 3-7 分别为原场声阵列和近场声全息示意图、近场声全息几何示意图。

近场声全息的理论基础是基于声辐射计算的亥姆霍兹积分方程。令空间任

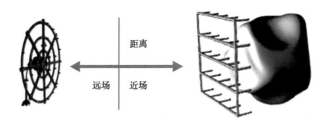

图 3-6　原场声阵列和近场声全息示意图

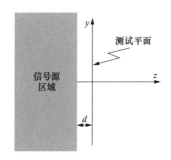

图 3-7　近场声全息几何示意图

意一点的复声压为 $p(r)=p(x, y, z)$，频率为 f，波数 $k=\omega/c=2\pi/\lambda$，其中 $\omega=2\pi f$ 是角频率，c 是声速，λ 是波长，如图 3-7 所示，声源在 $z<-d$ 的区域，根据亥姆霍兹方程，$z\geqslant -d$ 的区域声压可以写为

$$p(r) = \frac{1}{(2\pi)^2} \int_{-\infty}^{\infty} \int_{-\infty}^{\infty} P(K)\Phi_K(r)\mathrm{d}K \qquad (3-11)$$

其中，$K=(k_x, k_y)$ 是波数向量，$P(K)$ 是平面波谱，平面波的传递函数为

$$\Phi_K(x, y, z) = e^{-j[k_x x + k_y y + k_z(z+d)]} \qquad (3-12)$$

其中 z 方向的波数分量 k_z 和波数矢量 K 的关系为

$$k_z = \sqrt{k^2 - |K|^2}, \quad |K| \leqslant k$$

$$k_z = -\mathrm{j}\sqrt{|K|^2 - k^2}, \quad |K| \geqslant k$$

假设在测量平面有 N 个测点测到声压 $p(r_n)$，其中 $r_n=(x_n, y_n, 0)$，需要以此来重构任意位置的声压 $p(r)$，其中 $r=(x, y, z)$，$z\geqslant -d$，根据式

（3-11），假设有如下的近似线性关系

$$p(r) \approx \sum_{n=1}^{N} c_n(r) \cdot p(r_n) \qquad (3-13)$$

其中 c_n 可以通过平面波的传递函数来估计，即

$$\Phi_{K_m}(r) \approx \sum_{n=1}^{N} c_n(r) \cdot \Phi_{K_m}(r_n), m = 1, \cdots, M \qquad (3-14)$$

定义如下的矩阵和向量表示方法，即

$$A = [\Phi_{K_m}(r_n)] a(r) = [\Phi_{K_m}(r)] c(r) = [c_n(r)] \qquad (3-15)$$

最终任意位置的声压重构表达式为，即

$$p(r) \approx p^T (A^* A + \theta^2 I)^{-1} A^* a(r) \qquad (3-16)$$

式中　A^*——轭转秩；

　　　I——单位矩阵；

　　　θ——正则化参数。

近场声全息不仅可识别和定位噪声源，也可预测声源在声场中的辐射属性，因而它是既比声强测量技术优越的声源定位技术，也是拥有常规声辐射计算功能的声场预测技术。近场声全息技术已广泛用于噪声源的定位与识别，特别是低频场源特性的判别、散射体结构表面特性以及结构模态振动等的研究，还用于源辐射功率和大型结构远场指向性预报等。实际中如果声源尺寸较大，按照远场条件距离会很大，而且远场测量带来的多径效应、衰减、噪声等都会降低准确度。因而若能在近场条件下利用变换推得远场的辐射场指向性等，将有很大实用价值。此外，近场声全息是完全建立在声辐射理论（即声波的产生和传播理论）基础上的一种重要声源定位和声场可视化技术，它可为实际的噪声振动分析提供丰富的声源与声场信息，对于有效控制噪声源、研究噪声源的声辐射特性具有重要意义。典型应用场景如图 3-8 所示。

近场声全息测量中难免受到各种干扰，测量系统误差及各种环境干扰都将因平面波传递函数求逆过程中的奇异性，在声源面声场的重建中被放大而影响重建效果。全息测量的背景噪声干扰问题一直没有得到很好的解决，结果只能

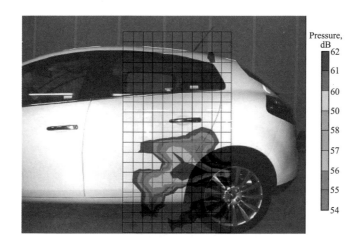

图 3-8　近场声全息技术结果图

在移除所有背景干扰之后或在消声室环境下进行全息测量，从而大大限制了其在工程中的应用被放大而影响重建效果。

三、声强扫描法

声强是指通过垂直于声播方向的单位面积上的平均声能量流，它是一个矢量，反映了某个方向声场声能量的大小，在声学中广泛用于声音定位、声场能量流描绘等领域。目前常用的声强测试方法为按照 IEC 61043 标准的双传声器法，测试是指用两个相位匹配的传声器拾取声音信号，通过信号处理得到某个方向对应的声强矢量值。

声强测试时首先需要定义几何模型、划分网格、标记测点、导入被测对象照片，然后根据测点坐标，顺序测量每点声强值。每个点都测量完毕后可显示整个声场的云图。声强法测量的优点是随着网格密度加大，测量精度可相应提高，声强具有方向特性，可屏蔽其他方向的背景噪声，能够在复杂声环境下对被测对象的声音大小和分布做精确测量。但测试耗时、对变化较快或一致性不好的声源无法准确测试。声强测试网格如图 3-9 所示。

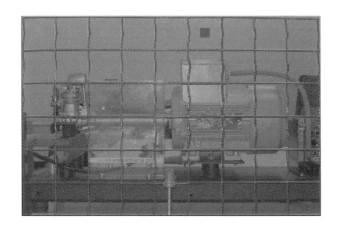

图 3-9　声强测试网格图

声强的有限差分近似假设如图 3-10 所示。根据声强定义可得，某点声强等于该点声压与该点粒子速度相乘并对时间求平均，而粒子速度则由声压梯度法求得，质点速度跟压力梯度关系为

$$\frac{\partial u}{\partial t} = -1\frac{1}{\rho}\frac{\partial p}{\partial r} \tag{3-17}$$

$$u = -\int \frac{1}{\rho}\frac{\partial p}{\partial r}\mathrm{d}t \tag{3-18}$$

式中　ρ——空气密度；

　　　u——粒子速度；

　　　r——两麦克风间距；

　　　p——两麦克风声压差。当两个麦克风之间距离 ∂r 小于被测声波波长时，可以用差分近似。式（3-18）变为

$$u = -\int \frac{1}{\rho}\frac{p_2 - p_1}{\Delta r}\mathrm{d}t \tag{3-19}$$

式中　p_1、p_2——声强探头两端所测声压。

此时中间位置粒子速度近似为 $p = \frac{p_1 + p_2}{2}$，由此求得沿两个传声器方向声强的近似值为

$$I(t) = p(t)u(t) = \frac{p_1 + p_2}{2\rho\Delta r}\int(p_1 - p_2)\mathrm{d}t \qquad (3-20)$$

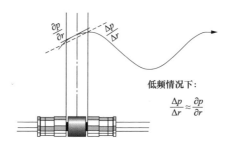

图 3-10　声强的有限差分近似假设

以上是声强时域表达式。由于实际工程中对声强的频率特性发布更加感兴趣，因此可以通过间接对测量信号进行傅里叶变换，将时域信号转换为频域信号。声强也可以看作是声压信号和质点振速信号相关程度的一种数学反映，在时域中两列信号的相关程度可以用相关函数来表征，即可求得声强频率分布为

$$I(f) = -\frac{\mathrm{Im}\left[G_{12}(f)\right]}{\rho\omega(f)\Delta r} \qquad (3-21)$$

式中　　G_{12}——声压 1 和声压 2 的互谱；

$\mathrm{Im}\left[G_{12}(f)\right]$——对 G_{12} 互谱取虚部。

对上述三种可应用于 GIS 声学成像检测技术的原理、优缺点和典型应用场景，总结如表 3-1 所示。

表 3-1　　　　　　　　　三种检测技术对比

检测技术 参数/项目	远场波束成型	近场声全息	声强扫描
分辨率	与波长成正比， 低频差高频好	和测试距离成正比， 与波长无关	和测试网格划分有关， 网格密精度高
动态范围 （典型值，dB）	10	20	30
频率范围	1000Hz～20kHz	200Hz～1500Hz	100Hz～10kHz
抗干扰能力	弱	弱	强

检测技术 参数/项目	远场波束成型	近场声全息	声强扫描
测试距离（m）	0.5～10	0.1	0.05
单次测量区域	大	中	小
测试时间	快	快	慢
更新速率	快	快	慢
测试区域形状	近似平面	近似平面	任意凸表面
幅值准确度	低	中	高
系统软硬件成本	高	高	低

第二节　基于 GIS 声学成像检测技术介绍

GIS 设备在电网中的常见布置方式之一如图 3-11 所示。基于常规平面声阵列的声源定位方法，很难去除 GIS 附件的影响。

图 3-11　GIS 在电力系统中的安装特点和布置方式

典型的麦克风阵列尺寸和样式如图 3-12 所示。用阵列进行 GIS 异响定位时（见图 3-13），往往只能测到靠近边缘区域的声源分布，无法获得 GIS 圆柱体展向噪声分布，而简单等效为一个平面。

图 3-12　麦克风阵列

图 3-13　小阵列测量 GIS 高频异响

　　GIS 的声源频谱特征如图 3-14 所示，具有很强的低频谐波成分，而基于波束成型的小阵列不适用于低频。如果使用基于进场声全息的阵列，测试距离近，GIS 外壳无法近似成平面，也不适用。

　　典型的单个声强探头如图 3-15 所示，每次只能测量一个网格点，导致现场试验工作量大时间长，且无法测量 GIS 背面的网格点，也不适用于 GIS 现场的声源分布测试。

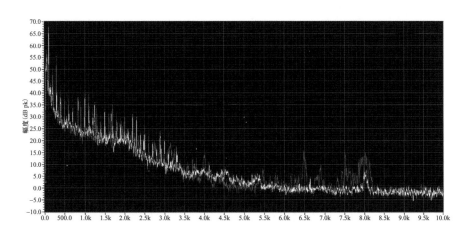

图 3 - 14　GIS声源频谱特征图

一、基于弧面多声强探头的 GIS 声源定位系统

1. 传感器阵列

针对 GIS 的圆柱面特征和现场快速测量的要求，设计了基于弧面的多声强探头声源定位系统，测量示意图和硬件实物分别如图 3 - 16和图 3 - 17 所示。

声强测试可以随着网格密度的增加提高测量精度；声强具有方向性，可屏蔽其他方向的背景噪声，能够适应在现场进行测试；可显示

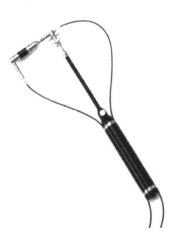

图 3 - 15　标准声强探头

图 3 - 16　测量示意图

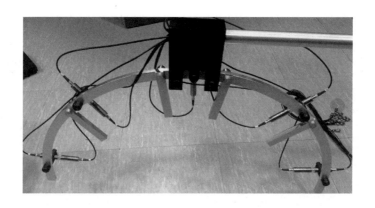

图 3-17　硬件实物图

整个被测对象的声场云图。定制的声强支架包括五组声强探头，一次可完成一列网格点的测试，一定程度上克服了声强法测试耗时的缺点。

声强传感器为 1/2 英寸麦克风传感器。所构成的声强探头提供 8、12、25、50mm 四种类型隔离柱。隔离柱可根据所关心的频带范围进行选择。通常隔离柱越短，频带越宽，下限频率越高。隔离柱典型频率范围如表 3-2 所示。

表 3-2　　　　　　　隔离柱所对应的频率范围

隔离柱尺寸类型	检测频率范围
8mm	200Hz～6kHz
12mm	125Hz～5.0kHz
25mm	80Hz～2.5kHz
50mm	50Hz～1.25kHz

2. 数据采集系统

数据采集系统为 National Instruments 4 槽 USB CompactDAQ 机箱—cDAQ-9174 中插入 3 块 NI-9234 数据采集卡。数据采集模块由 cDAQ-9174 适配器供电，并通过 USB 连接到测试主机进行数据交换，系统实物如图 3-18 所示，参数指标如表 3-3 所示。

图 3 - 18　数据采集系统

表 3 - 3　　　　　　　　　　　NI 9234 数据采集卡性能参数

信号调理	2mA IEPE 电流激励、抗混叠滤波器
差分通道数	4
分辨率	24bits
最大采样率	51.2kS/s
带宽	23.04kHz
同步采样	是
输入阻抗	305kΩ
操作温度	-40～70℃

3. 测量方式

在声成像试验中使用大电流发生器给 GIS 施加电流，用环形声压传感器阵列按顺序测量 GIS 各个测点的振动噪声声压时域波形。将测得的 GIS 振动噪声声压时域波形通过数采卡传入电脑，通过每一对声压传感器的声压求出该对传感器处的声强值。最终得出 GIS 的振动噪声的声强云图。对声强云图进行图像处理并从中提取特征值表征 GIS 的不同运行状态。声成像试验测量方式如图 3 - 19 所示。

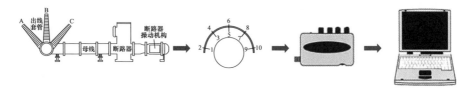

图 3 - 19　声成像试验测量方式

55

二、声成像试验的图像处理与特征值提取

当 GIS 的运行状态发生改变时，测量得到的声成像云图也会随之改变，在图片上表现出来的就是云图的纹理发生改变。因此，针对图像纹理的变化进行分析并从中提取特征值可以用来表示 GIS 运行状态的变化。

灰度共生矩阵是一种建立在灰度图像基础上的图像纹理特征描述方法。它通过统计灰度图中各种灰度级对出现的概率把灰度图像由单个的灰度值转化为灰度图的纹理信息。随后，从灰度共生矩阵提取不同的特征值来表示灰度图中相邻像素点或相邻区域的灰度之间的变化程度与相关程度。具体处理过程如下：

首先，将需要处理的图片转换为灰度图，设灰度图的像素为 $N_x \times N_y$。随后在灰度图上选定一像素点 $i(x, y)$，并找到在点 i 的 θ 方向上，与点 i 相距为 d 的像素点 $j(x, y, d, \theta)$。点 i 和 j 的位置关系如图 3-20 所示。

设点 i 和 j 的灰度级分别为 g_1 和 g_2，其中 $0 < g_1$、$g_2 < K$，K 为灰度图的总灰度级。在灰度图上扫描所有像素点对 (i, j)，并统计各种灰度级对出现的概率。最终可以得到一个 $K \times K$ 灰度共生矩阵，该矩阵如图 3-21 所示。$\#(g_1, g_2)$ 表示灰度级对出现的概率 $P(g_1, g_2)$。

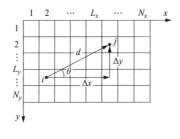

图 3-20　点 i 和 j 的位置关系　　　图 3-21　灰度共生矩阵

图像的灰度共生矩阵反映了图像灰度纹理在指定距离、指定方向上的变化信息，从灰度共生矩阵中可以提取描述图像纹理信息变化的特征值。但是，这

种纹理特征会随着指定方向的改变而改变，因此需要将多个方向上的变化信息综合考虑。常用的 4 种 θ 分别是 0°、45°、90°、135°，通常将这四个方向上的特征值取平均值和标准差来分析图像纹理的变化。以上四种方向下，点 i 和 j 的位置关系如图 3-22 所示。

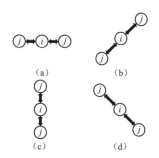

本书从灰度共生矩阵中提取出的特征值有以下几种：

（1）能量（Angular Second Moment，ASM）：表征灰度图像中灰度级的分布是否均匀、灰度图纹理的粗细。它是灰度共生矩阵中各个元素的平方之和，如果矩阵

图 3-22　四种角度下点 i 和 j 的位置关系

(a) 0°；(b) 45°；(c) 90°；(d) 135°

中所有值都相等，则 ASM 小；如果矩阵的值相差较大，则 ASM 大，其计算公式为

$$ASM = \sum_{g_1=1}^{k} \sum_{g_2=1}^{k} \left[P(g_1, g_2) \right]^2 \tag{3-22}$$

（2）对比度（Contrast，CON）：表征灰度图像纹理的清晰程度。灰度图纹理沟纹越深，图像视觉效果越清晰，CON 越大；灰度图纹理沟纹越浅，视觉效果越模糊，CON 越小，其计算公式为

$$CON = \sum_{n=0}^{k-1} n^2 \sum_{g_1=1}^{L} \sum_{g_2=1}^{L} P(g_1, g_2) \tag{3-23}$$

$$n = \left| g_1 - g_2 \right| \tag{3-24}$$

（3）熵（Entropy，ENT）：表征灰度图像纹理的不均匀程度。如果灰度共生矩阵的值分布比较均匀，说明灰度图接近于随机或噪声很大，ENT 会比较大；如果灰度共生矩阵的值分布很不均匀，ENT 会比较小。其计算公式为

$$ENT = -\sum_{g_1=1}^{k} \sum_{g_2=1}^{k} P(g_1, g_2) \log P(g_1, g_2) \tag{3-25}$$

（4）相关性（Correlation，COR）：表征灰度图像纹理的一致程度。COR 是对比灰度共生矩阵的值在行与行之间或列与列之间的一致程度，行或列之间矩阵值均匀相等时，COR 大；行或列之间矩阵值变化大时，COR 小。其计算公式为

$$COR = \sum_{g_1=1}^{K} \sum_{g_2=1}^{K} \frac{1}{\sigma_x \sigma_y} \Big[\sum_{g_1=1}^{K} \sum_{g_2=1}^{K} (g_1 g_2) P(g_1, g_2) - \mu_x \mu_y \Big] \qquad (3-26)$$

$$\mu_x = \sum_{g_1=1}^{K} g_1 \sum_{g_2=1}^{K} P(g_1, g_2), \mu_y = \sum_{g_2=1}^{K} g_2 \sum_{g_1=1}^{K} P(g_1, g_2) \qquad (3-27)$$

$$\sigma_x = \sum_{g_1=1}^{K} (g_1 - \mu_x)^2 \sum_{g_2=1}^{K} P(g_1, g_2) \qquad (3-28)$$

$$\sigma_y = \sum_{g_2=1}^{K} (g_2 - \mu_y)^2 \sum_{g_1=1}^{K} P(g_1, g_2) \qquad (3-29)$$

（5）逆差距（Inverse Different Moment，IDM）：表征图像纹理的同质性，用来灰度图像纹理变化的大小。如果图像的不同区域间变化很小，则 IDM 大；如果图像的不同区域间变化很大，则 IDM 小。其计算公式为

$$IDM = \sum_{g_1=1}^{K} \sum_{j=1}^{K} \frac{P(g_1, g_2)}{1 + (g_1 - g_2)^2} \qquad (3-30)$$

第三节　GIS 声学成像检测应用案例

一、工频电流加载系统

GIS 作为变电站中的母线部分，在运行过程中会承受较大的母线电流和母线电压，需要较大的电源容量，试验室的试验条件无法满足。因此，在试验室内建立的电流加载系统仅能满足低电压，大电流下的工作状态。系统包括一台 110kV 三相共体式 GIS 和一台三相大电流发生器，如图 3-23 所示，其中，GIS 的额定相电流为 2000A。

（a） （b）

图 3－23 工频电流加载系统

（a）三相大电流发生器；（b）110kV 三相共体式 GIS

系统中用到的三相大电流发生器参数如表 3－4 所示。

表 3－4 三相大电流发生器参数表

名 称	参 数	名 称	参 数
型号	HDDL－5000A	输出电流	0～5000A
总容量	180kVA	输出相电压	12V
输入电压	0～400V		

工频电流加载系统的回路如图 3－24 所示。三相大电流发生器由三个单相变压器组成，一次侧绕组连接调压器，二次侧绕组首端与 GIS 三相套管连接，二次侧绕组末端连接在一起构成 Y 型接法。GIS 末端三相导体通过短路排相连构成 Y 型接法，并通过金属导线将 GIS 末端的中性点与三相大电流发生器的中性点连接，形成回路。

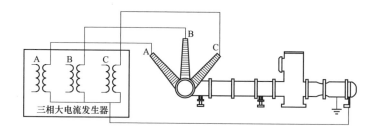

图 3－24 加载系统试验回路

二、故障条件下的 GIS 声成像特性

根据故障统计分析所述，GIS 常见的机械故障有开断和关合故障、螺栓松动和部件变形与损坏三种。其中，紧固件螺栓松动和断路器等动作机构的开合故障是 GIS 实际运行中出现概率最高的机械故障。因此，试验中模拟了地脚螺栓松动、绝缘盆螺栓松动、隔离开关接触不良三种故障，获得不同故障条件下的 GIS 声成像特性，并提取特征值用于 GIS 机械故障的诊断。

1. 地脚螺栓松动时的声成像特性

（1）故障模拟方法。GIS 的地脚设置在母线筒附近，对母线筒起到支撑、稳定的作用。当地脚螺栓松动时，GIS 的母线筒可能出现倾斜。一方面，母线筒的倾斜会让母线筒内的导电杆出现偏心，对 GIS 内部的绝缘造成威胁，随时可能发生击穿；另一方面，母线筒的倾斜可能会导致母线筒侧翻，对工作人员的安全和电力系统的正常运行造成危害。因此，必须对此类机械故障进行及时的诊断与处理。

试验中所用 110kV 三相共体式 GIS 结构如图 3 - 25 所示。试验中先后将 GIS 母线筒下的 1 号地脚螺栓和 2 号地脚螺栓拧松，地脚螺栓松动前后的情况如图 3 - 26 所示。

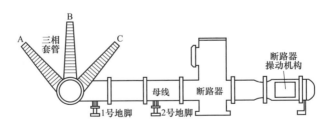

图 3 - 25　GIS 地脚位置示意图

（2）频域特性。将地脚螺栓拧松后，给 GIS 三相施加的电流大小为 2000A。对比 1 号地脚螺栓附近的 2 号测点和 2 号地脚螺栓附近的 10 号测点在

地脚螺栓松动前后频谱的变化。结果如图3-27和图3-28所示。

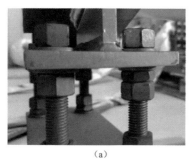 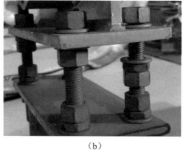

（a） （b）

图3-26 地脚螺栓松动前后对比

（a）地脚螺栓紧固；（b）地脚螺栓松动

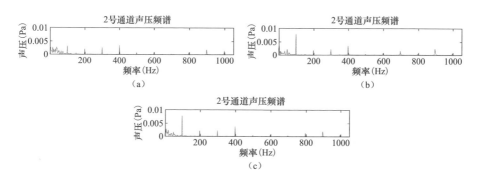

图3-27 1号地脚螺栓附近的2号测点的振动噪声频谱

（a）地脚螺栓紧固；（b）1号地脚螺栓松动；（c）1号和2号地脚螺栓均松动

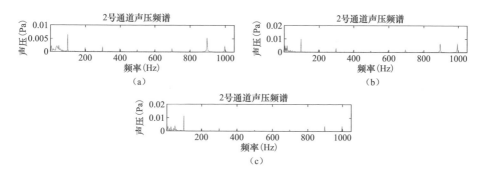

图3-28 2号地脚螺栓附近的10号测点的振动噪声频谱

（a）地脚螺栓紧固；（b）1号地脚螺栓松动；（c）1号和2号地脚螺栓均松动

对于 1 号地脚螺栓附近的 2 号测点和 2 号地脚螺栓附近的 10 号测点来说，当 1 号地脚螺栓发生松动时，100Hz 振动噪声的声压幅值会明显增大。其中 2 号测点由 3.26MPa 增大至 7.98MPa 左右；10 号测点由 6.61MPa 增大至 10MPa。

出现这种现象的原因是，地脚螺栓松动后，地脚的支撑作用会被削弱，GIS 导电杆和外壳受到电磁力而产生的振动幅值增大，振动噪声也会随之增大。

当 1 号地脚螺栓和 2 号地脚螺栓均发生松动时，情况有所不同。对比地脚螺栓紧固时的情况，2 号测点和 10 号测点的 100Hz 声压幅值都明显增大，其中 2 号测点由 3.26MPa 增大至 7.92MPa 左右；10 号测点由 6.61MPa 增大至 12MPa。但是，对比 1 号地脚螺栓松动时的情况，两个测点的 100Hz 振动噪声幅值仅仅出现小幅变化，2 号测点由 7.98MPa 变为 7.92MPa；10 号测点由 10MPa 变为 12MPa。由测量系统一致性可知，这种小幅变化可能是由于系统测量误差造成的。因此，无法通过声学测量区分出地脚螺栓松动的个数。

（3）声学图像特征值。通过环形声压传感器阵列测量得到地脚螺栓松动前/后 GIS 母线筒的声强云图，如图 3-29 所示。然后通过灰度共生矩阵提取出图像特征值，并计算出各个特征值在四个方向上的均值和标准差，提取结果如图 3-30 所示。

当地脚螺栓松动时，灰度共生矩阵提取出的特征值出现了明显的变化，依次分析 10 个提取结果。

1）能量的均值在正常运行时约为 0.047，当地脚螺栓松动时减少为 0.03 左右。但是一个螺栓松动和两个螺栓松动的值并没有大幅变化。

2）熵的均值在正常运行时约为 3.75，而出现地脚螺栓松动时会超过 4，但是一个螺栓松动和两个螺栓松动的值并没有大幅变化。

3）对比度的均值在正常运行时约为 7.2，一个地脚螺栓松动时增加至 8.4，两个地脚螺栓松动时超过 9。

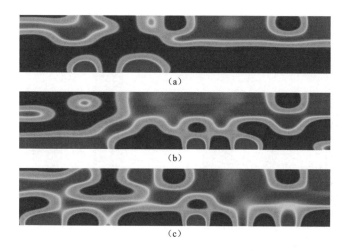

（a）

（b）

（c）

图 3-29　地脚螺栓松动前后，母线筒的声强云图

（a）地脚螺栓紧固；（b）1 号地脚螺栓松动；（c）1 号地脚螺栓和 2 号地脚螺栓均松动

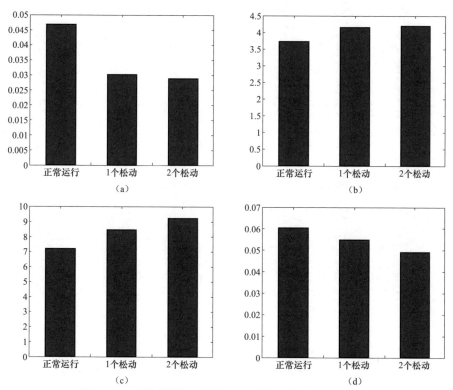

图 3-30　地脚螺栓松动条件下母线筒的特征值提取（一）

（a）能量的均值；（b）熵的均值；（c）对比度的均值；（d）相关性的均值

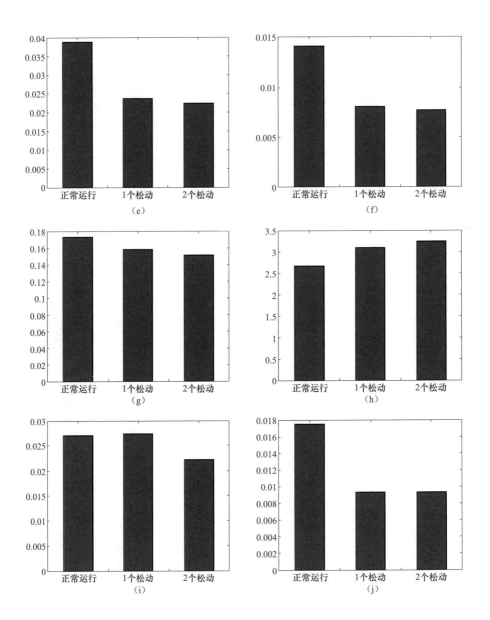

图 3-30 地脚螺栓松动条件下母线筒的特征值提取（二）

（e）逆差距的均值；（f）能量的标准差；（g）熵的标准差；（h）对比度的标准差；

（i）相关性的标准差；（j）逆差距的标准差

4）相关性的均值在正常运行时约为 0.061，一个地脚螺栓松动时减少至 0.055，两个地脚螺栓松动时减少至 0.05。

5）逆差距的均值在正常运行时约为 0.039，当地脚螺栓松动时减少为 0.024 左右，但是一个螺栓松动和两个螺栓松动的值并没有大幅变化。

6）能量的标准差在正常运行时约为 0.014，当地脚螺栓松动时减少为 0.008 左右。但是一个螺栓松动和两个螺栓松动的值并没有大幅变化。

7）熵的标准差在正常运行时约为 0.17，一个地脚螺栓松动时减少至 0.16，两个地脚螺栓松动时会小于 0.16。

8）对比度的标准差在正常运行时约为 2.6，而出现地脚螺栓松动时会超过 3，但是一个螺栓松动和两个螺栓松动的值并没有大幅变化。

9）相关性的标准差在正常运行和螺栓松动时没有表现出明显的规律性。

10）逆差距的标准差在正常运行时约为 0.0175，当地脚螺栓松动时减少为 0.009 左右，但是一个螺栓松动和两个螺栓松动的值并没有大幅变化。

根据提取的特征值结果，可以得到以下结论：

1）熵的均值、对比度的均值、对比度的标准差在地脚螺栓松动前后变化非常明显，可以用来诊断是否出现地脚螺栓松动，诊断标准如表 3-5 所示。

表 3-5   地脚螺栓松动的诊断标准

螺栓状态 参 数	地脚螺栓紧固	地脚螺栓松动
熵的均值	<3.8	>4.1
对比度的标准差	<2.7	>3
对比度的均值	<7.5	>8

2）对比度的均值在一个螺栓松动和两个螺栓松动时也出现了明显的变化，因此，对比度的均值可以大致确定松动螺栓的数量。诊断标准如表 3-6 所示。

表 3 - 6　　　　　　　　　　　地脚螺栓松动数量的诊断标准

参　数 \ 螺栓状态	地脚螺栓紧固	一个地脚螺栓松动	两个地脚螺栓松动
对比度的均值	<7.5	8~9	>9

2. 绝缘盆螺栓松动时的声成像特性

（1）故障模拟方法。GIS 的绝缘盆螺栓设置在母线筒与绝缘盆之间，对母线筒和绝缘盆起到固定和连接的作用。当绝缘盆螺栓松动时，GIS 的母线筒和绝缘盆之间可能出现错位和间隙。一方面，母线筒和绝缘盆之间的间隙会导致 SF_6 气体泄漏，GIS 绝缘强度降低；另一方面，母线筒和绝缘盆之间发生错位可能会导致间隙内成为极不均匀场。这两种情况都会对 GIS 内部的绝缘造成威胁，随时可能发生击穿。因此，必须对此类机械故障进行及时的诊断与处理。

试验中所用 110kV 三相共体式 GIS 绝缘盆结构如图 3 - 31 所示。试验中将图中指出的绝缘盆两个螺栓拧松，拧松前后的情况如图 3 - 32 所示。

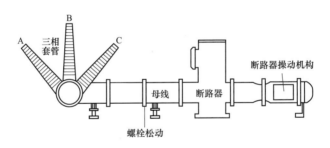

图 3 - 31　GIS 绝缘盆位置示意图

（2）频域特性。将绝缘盆螺栓拧松后，给 GIS 三相施加的电流大小为 2000A。对比绝缘盆附近的 10 号测点以及远离绝缘盆的 2 号测点和 5 号测点在绝缘盆螺栓松动前后频谱的变化，结果分别如图 3 - 33～图 3 - 35 所示。

当绝缘盆螺栓松动时，三个测点的频谱出现了以下变化：①100Hz 的声压幅值有所下降；②100Hz 倍频分量的声压幅值增大；③100Hz 以下频段的噪声幅值有所增大。

 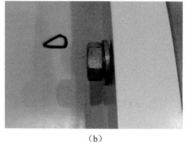

（a） （b）

图 3-32　绝缘盆螺栓松动前后对比

（a）绝缘盆螺栓紧固；（b）绝缘盆螺栓松动

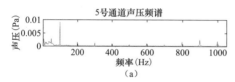 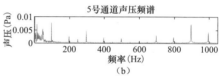

图 3-33　绝缘盆附近 10 号测点频谱

（a）绝缘盆螺栓紧固；（b）绝缘盆螺栓松动

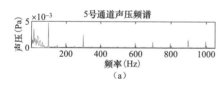 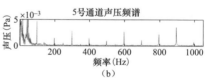

图 3-34　远离绝缘盆的 2 号测点频谱

（a）绝缘盆螺栓紧固；（b）绝缘盆螺栓松动

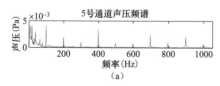 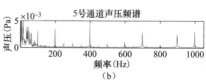

图 3-35　远离绝缘盆的 5 号测点频谱

（a）绝缘盆螺栓紧固；（b）绝缘盆螺栓松动

出现以上现象的原因可能是：

1）绝缘盆螺栓的松动，改变了 GIS 结构的固有属性，母线筒的等效刚度会减小，导致其振型发生变化。这使得 GIS 在不同频率下的振动幅值改变，从而影响了不同频率的振动噪声。

2）绝缘盆螺栓松动后，当 GIS 外壳与导电杆发生振动时，会造成螺栓与外壳之间的碰撞。由于二者都是金属，碰撞产生的噪声频带比较宽。所以，螺栓松动的绝缘盆处 100Hz 以下频段和 100Hz 倍频分量的声压幅值都有所增大。

（3）声学图像特征值。通过环形声压传感器阵列测量得到绝缘盆螺栓松动前/后 GIS 母线筒的声强云图，如图 3-36 所示。然后通过灰度共生矩阵提取出图像的特征值，计算出各个特征值在四个方向上的均值和标准差，提取结果如图 3-37 所示。

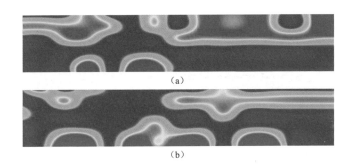

（a）

（b）

图 3-36　绝缘盆螺栓松动前/后，母线筒的声强云图
（a）绝缘盆螺栓紧固；（b）绝缘盆螺栓松动

当绝缘盆螺栓松动时，灰度共生矩阵提取出的特征值出现了明显的变化，依次分析 10 个提取结果：

1）能量的均值在正常运行时约为 0.047，当绝缘盆螺栓松动时减少为 0.038 左右。

2）熵的均值在在正常运行时约为 3.7，当绝缘盆螺栓松动时增加至 3.8 左右，绝缘盆螺栓松动前后并没有大幅变化。

3）对比度的均值在正常运行时约为 7.2，当绝缘盆螺栓松动时增加至 7.8 左右。

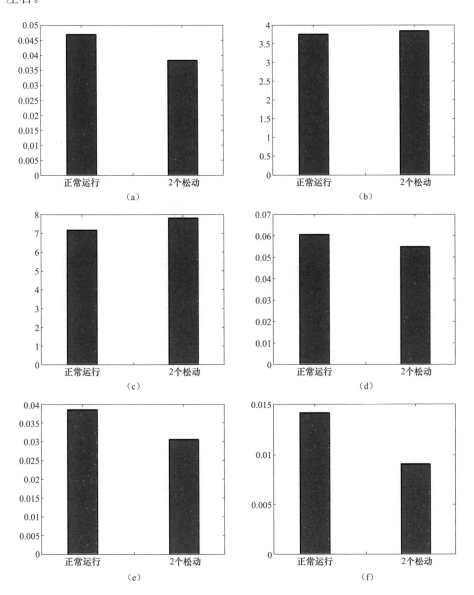

图 3 - 37　绝缘盆螺栓松动条件下母线筒的特征值提取（一）

（a）能量的均值；（b）熵的均值；（c）对比度的均值；（d）相关性的均值；

（e）逆差距的均值；（f）能量的标准差

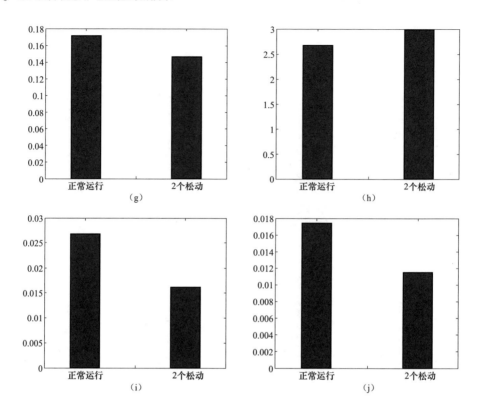

图 3-37　绝缘盆螺栓松动条件下母线筒的特征值提取（二）

（g）熵的标准差；（h）对比度的标准差；（i）相关性的标准差；（j）逆差距的标准差

4）相关性的均值在正常运行时约为 0.061，当绝缘盆螺栓松动时减少至 0.056。

5）逆差距的均值在正常运行时约为 0.039，当绝缘盆螺栓松动时减少为 0.031 左右。

6）能量的标准差在正常运行时约为 0.014，当绝缘盆螺栓松动时减少为 0.009 左右。

7）熵的标准差在正常运行时约为 0.17，当绝缘盆螺栓松动时减少至 0.15。

8）对比度的标准差在正常运行时约为 2.6，当绝缘盆螺栓松动时增加至 3。

9）相关性的标准差在正常运行时约为 0.027，当绝缘盆螺栓松动时减小至 0.017。

10）逆差距的标准差在正常运行时约为 0.0175，当绝缘盆螺栓松动时减少为 0.0118 左右。

综上所述，绝缘盆螺栓松动时，对比度的均值和标准差变化最明显，可以诊断绝缘盆螺栓是否松动。为了区分绝缘盆螺栓松动与地脚螺栓松动，将两者的特征值变化进行对比，选择相关性的标准差作为区分地脚螺栓松动和绝缘盆螺栓松动故障的特征值。最终确定绝缘盆螺栓松动的诊断标准如表 3-7 所示。

表 3-7　　　　　　　　　　绝缘盆螺栓松动的诊断标准

参　数　　　　螺栓状态	绝缘盆螺栓紧固	绝缘盆螺栓松动
对比度的均值	＜7.5	7.5～8
对比度的标准差	＜2.7	＞2.9
相关性的标准差	＞0.025	＜0.02

3. 隔离开关接触不良时的声成像特性

（1）故障模拟方法。GIS 的隔离开关一般设置在断路器附近。合闸状态下起到通过正常运行电流的作用；分闸状态下，利用隔离开关动静触头之间的距离起到可靠开断电路的作用，使需要检修的部分与带电的部分分隔开。如果出现隔离开关接触不良的机械故障，隔离开关动静触头之间的接触电阻会增大，回路的发热量明显增加，最终导致触头被烧蚀。这会对电力系统的安全可靠运行造成威胁。因此，必须及时诊断并处理此类机械故障。

首先，将隔离开关调节机构调整至手动方式。随后，用弹簧操动机构调整隔离开关动静触头的接触位置来设置隔离开关接触不良的情况，同时使用回路电阻测试仪分别测量隔离开关接触良好和接触不良时的回路电阻，以此作为量化隔离开关接触不良程度的标准。隔离开关的弹簧操动机构如图 3-38

所示。图中左侧下方的滑轨用来显示隔离开关动触头的位置，此时隔离开关接触良好。

图 3-38　隔离开关的弹簧操动机构

通过调节隔离开关动静触头的接触位置并对不同位置的回路电阻进行测量，试验中得到了三种隔离开关接触不良的情况，如表 3-8 所示。

表 3-8　　　　　　　不同接触不良程度的三相回路电阻　　　　　　(μΩ)

隔离开关状态 ＼ 回路电阻值	A 相回路电阻	B 相回路电阻	C 相回路电阻
接触良好	322	324	373
接触不良情况 1	347	433	440
接触不良情况 2	353	489	754
接触不良情况 3	360	787	368

当隔离开关接触不良故障设置完成后，给三相施加 2000A 电流。试验中发现，在测量母线筒时会出现某一相电流突然降为零的现象。如果重新施加 2000A 电流，会在 1300A 左右时再次出现这种情况。经多次尝试，无法在隔离开关接触不良时对施加 2000A 电流的母线筒振动噪声进行测量。最终，试验中测量了 2000A 时的隔离开关、断路器以及 1000A 电流时的母线筒、断路器。

（2）频域特性。对 2000A 电流下隔离开关的振动噪声进行频域分析，结果如图 3‒39 和图 3‒40 所示。

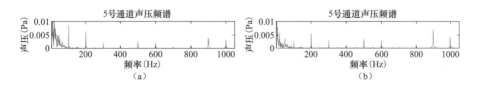

图 3‒39　2000A‒隔离开关‒3 号测点‒隔离开关接触良好/不良频谱

（a）隔离开关接触良好；（b）隔离开关接触不良情况 3

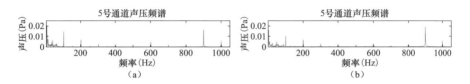

图 3‒40　2000A‒隔离开关‒2 号测点‒隔离开关接触良好/不良频谱

（a）隔离开关接触良好；（b）隔离开关接触不良情况 3

隔离开关 3 号测点的频谱变化情况为：①100Hz 振动噪声幅值明显减小，由 8.94MPa 减小至 2.69MPa；②500、600、900、1000Hz 的振动噪声幅值均有不同程度的增加。其中 900Hz 和 1000Hz 变化较大，900Hz 声压幅值由 4.04MPa 增加至 7.22MPa，1000Hz 声压幅值由 2.74MPa 增加至 4.58MPa。

隔离开关 2 号测点的频谱变化情况为：①100Hz 振动噪声幅值明显减小，100Hz 声压幅值由 15MPa 减小至 10.5MPa；②900Hz 振动噪声幅值明显增加，由 17MPa 增加至 19MPa。

综上所述，当隔离开关接触不良时，隔离开关的振动噪声会发生如下变化：①100Hz 振动噪声幅值下降；②高次倍频分量幅值增加。

（3）声学图像特征值。通过环形声压传感器阵列测量得到不同地方的声强云图，然后通过灰度共生矩阵提取出图像特征值，计算出各个特征值在四个方向上的均值和标准差。根据不同测量位置的频域分析可知，母线筒的振动噪声无法准确判断是否出现隔离开关接触不良的故障。为了更加准确地诊断出隔离开关接触不良，选择隔离开关声成像云图提取特征值。施加 2000A 电流时隔离开关的声成像云图如图 3‐41 所示。

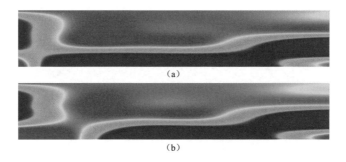

图 3‐41　2000A——隔离开关声成像云图

(a) 隔离开关接触良好；(b) 隔离开关接触不良情况 3

从不同情况下的隔离开关声成像中提取特征值，结果如图 3‐42 所示。

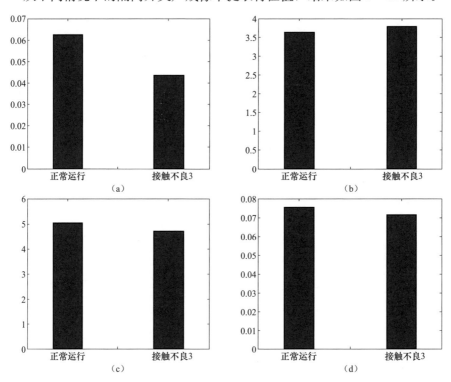

图 3‐42　2000A——隔离开关声成像特征值提取（一）

(a) 能量的均值；(b) 熵的均值；(c) 对比度的均值；(d) 相关性的均值

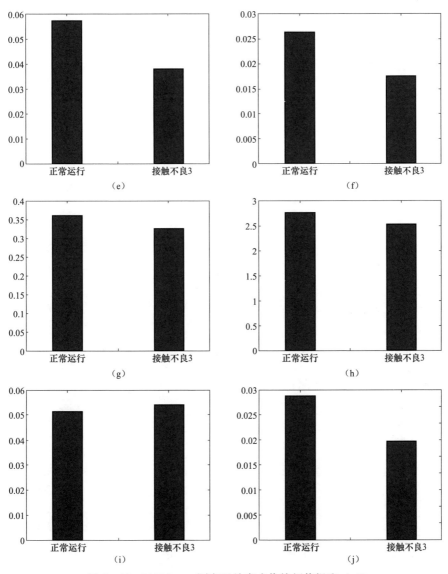

图 3-42　2000A——隔离开关声成像特征值提取（二）

（e）逆差距的均值；（f）能量的标准差；（g）熵的标准差；（h）对比度的标准差；

（i）相关性的标准差；（j）逆差距的标准差

当隔离开关接触不良时，灰度共生矩阵提取出的特征值出现了变化。依次分析 10 个提取结果：

1）能量的均值在正常运行时为 0.063，当隔离开关接触不良时减少为

0.044 左右。

2）熵的均值在正常运行时约为 3.6，当隔离开关接触不良时增加至 3.8 左右。

3）对比度的均值在正常运行时大于 5，当隔离开关接触不良时减少至 4.7 左右。

4）相关性的均值在正常运行时约为 0.076，当隔离开关接触不良时减少至 0.072，隔离开关接触不良前后并没有大幅变化。

5）逆差距的均值在正常运行时约为 0.058，当隔离开关接触不良时减少至 0.038 左右。

6）能量的标准差在正常运行时约为 0.027，当隔离开关接触不良时减少至 0.017 左右。

7）熵的标准差在正常运行时约为 0.036，当隔离开关接触不良时减少至 0.033，隔离开关接触不良前后并没有大幅变化。

8）对比度的标准差在正常运行时为 2.76，当隔离开关接触不良时减少至 2.55。

9）相关性的标准差在正常运行时约为 0.051，当隔离开关接触不良时增加至 0.054。

10）逆差距的标准差在正常运行时约为 0.029，当隔离开关接触不良时减少为 0.019 左右。

根据提取出的特征值结果，可以得到以下结论：对比度的均值和对比度的标准差在隔离开关接触不良前后变化幅度较大，在隔离开关处进行测量时可以用来判断隔离开关是否接触良好，诊断标准如表 3-9 所示。

表 3-9　　　　隔离开关接触不良诊断标准——测点在隔离开关处

参数 开关接触状态	隔离开关接触良好	隔离开关接触不良
对比度的均值	>4.9	<4.9
对比度的标准差	>2.7	<2.6

4. 基于灰度共生矩阵的机械故障诊断算法

GIS 机械故障的诊断主要通过特征值判据来实现，而多种机械故障的识别并分类则通过不同特征值条件的综合比对实现。图 3-43 所示为基于声成像技

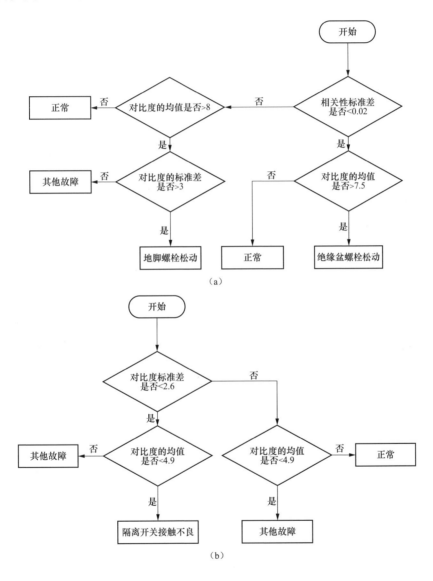

图 3-43　GIS 机械故障诊断流程图

（a）螺栓松动的诊断流程；（b）隔离开关接触不良的诊断流程

术的 GIS 机械故障诊断流程。通过该流程可以实现地脚螺栓松动、绝缘盆螺栓松动、隔离开关接触不良的诊断。

首先，将潜在故障分为螺栓松动与隔离开关接触不良两种，分别测量不同位置并进行诊断。螺栓松动的故障选择母线筒进行测量，隔离开关接触不良的故障选择隔离开关进行测量。

对于在母线筒处进行诊断的故障，根据相关性的标准差是否小于 0.02 可以将绝缘盆螺栓松动和地脚螺栓松动分离开；再根据对比度的均值是否大于 8、对比度的标准差是否大于 3 诊断是否出现了地脚螺栓松动的故障。

对于在隔离开关处进行诊断的故障，判断对比度的标准差是否小于 2.6、对比度的均值是否小于 4.9 可以诊断是否出现了隔离开关接触不良的故障。

第四章

GIS 气体分解产物检测技术

对电力设备内部绝缘缺陷所引起放电进行检测，是发现并诊断缺陷从而预防故障的重要手段。然而，传统的 SF_6 绝缘设备放电检测方法中，脉冲电流法易受现场电磁噪声干扰；超高频法难以对放电进行定量分析；超声波法则存在信号衰减较快、容易畸变、检测灵敏度低等问题。研究表明，SF_6 绝缘设备中发生放电时，SF_6 会发生解离，生成 SF_2、SF_3、SF_4、SF_5 等多种低氟硫化物，其中大部分低氟硫化物会在极短时间内与 F 原子发生复合反应还原为 SF_6，但仍有少部分会与设备中的微水、微氧等发生一系列复杂化学反应，最终生成四氟化亚硫酰（SOF_4），氟化亚硫酰（SOF_2），氟化硫酰（SO_2F_2）和十氟化亚硫酰（S_2OF_{10}）等含氟含氧硫化物以及硫化氢（H_2S）、氟化氢（HF）、二氧化硫（SO_2）等酸性气体。如果放电发生在固体绝缘周围，还可生成四氟化碳（CF_4）、四氟化硅（SiF_4）、一氧化碳（CO）、二氧化碳（CO_2）等化合产物。SF_6 气体在放电作用下的分解过程和特性与缺陷类型及严重程度密切相关，因此可以通过检测气体分解产物，并辅助以可靠的数据分析处理方法，实现对 SF_6 绝缘设备内部绝缘缺陷的诊断，避免潜伏性缺陷继续发展并导致突发性故障。SF_6 气体分解产物分析法具有不受现场电磁干扰、灵敏度高、容易进行故障间隔定位、可以对缺陷类型进行诊断识别的优点，因此相关研究成为国内外高校及相关生产单位关注的热点。

第一节　GIS 气体分解产物检测原理

不同绝缘缺陷所引起放电的能量、区域、所涉及材料等不尽相同，因此 SF_6 发生分解后的产物类型、产物相对含量、生成速率等也会存在差异，这使 SF_6 分解产物分析法在设备缺陷诊断中的应用成为可能。为了探讨 SF_6 气体分解特性在绝缘缺陷诊断中的应用，本章对金属突出物、悬浮电位、固体绝缘沿面等常见绝缘缺陷下的 SF_6 气体分解过程及产物含量变化情况分别进行试验研究，并结合 SF_6 分解机理的研究结论对其进行分析。

一、SF_6 气体分解产物研究平台

为了满足 SF_6 气体分解特性及其在设备缺陷诊断应用中的研究需求，构建气体分解特性研究实验平台，如图 4-1 所示，主要包括缺陷放电模拟系统、气体供给系统、气体分解产物分析系统和放电监测系统四个部分。

1. 放电模拟系统

图 4-2 高压试验系统的电路原理图，其中 T1 为调压器；T2 为型号为 YDJW-10kVA/100kV 的高压无局放试验变压器，最高试验电压为 100kV，额定容量 10kVA，短路电压百分比为 4.3%；R 为阻值 20kΩ 的保护电阻；C_0 为 400pF 的耦合电容，其将脉冲电流引入 50Ω 的检测阻抗 R_t 上；EVM 为静电电压表，利用其测量输出高压值。

实际 SF_6 设备中，绝缘劣化速度相对较慢，试验周期过长，且绝缘的劣化程度难以控制。因此本书采用人工缺陷模拟的方法，在一个 SF_6 气体放电分解装置中进行试验研究。该装置包括试验气室、高压套管、可视观察窗、模拟缺陷模型、脉冲电流检测单元接口、真空及压力测量仪表、气体采集及水分含量测量接口等，可对不同缺陷在不同条件下的气体放电分解特性进行综合研究。

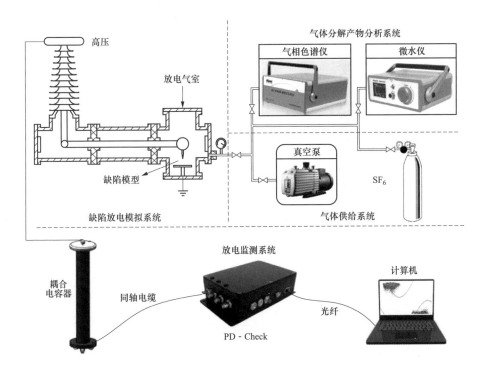

图 4-1　气体分解特性研究实验平台

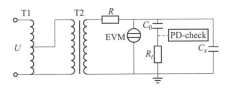

图 4-2　试验电路原理图

图 4-3 为放电模拟装置侧视图，高压经套管及母线筒引至放电模拟气室，从而有效避免装置本体产生电晕干扰。放电模拟装置的容积为 90L，内壁喷涂涂层以阻碍气室与器壁之间的水分及气体交换。气室气密性良好，承受压力值为 1MPa，气室的容积足够大，在试验中进行多次气体采样不会对罐体内部 SF_6 压力参数造成显著影响，在充入 0.4MPa 的 SF_6 气体后，对其内部气体进行 20 次采样测量，气室内气体压力仅下降 0.01MPa。气室侧壁配备直径为 20cm 的石英玻璃窗以观测内部的放电情况，同时在气室壁上安装有快速插拔

式接口，以实现快速充气和采集气体样本。

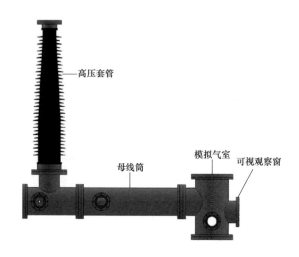

高压套管

母线筒

模拟气室

可视观察窗

图 4-3　放电模拟装置

在不添加绝缘缺陷的情况下，外施 80kV 交流高压后，通过放电监测系统检测不到任何放电信号，从而排除试验装置对检测结果的影响。SF_6 气体体积分数达到 99.999%，微水含量小于 $5\mu L/L$，满足 GB/T 12022—2006《工业六氟化硫》对工业六氟化硫的各项标准要求。

微水微氧含量会对 SF_6 在放电条件下的分解过程产生影响，因此试验过程中，需要对气室内的微氧和微水进行控制。采用标准化流程进行操作，每次试验前，用体积分数为 99.999% 的 N_2 冲洗已装设绝缘缺陷模型的气室两次，以降低内部残留的微氧和微水。随后，将放电气室抽真空 1h，再充装一定气压的纯度为 99.99% 的 SF_6 后静置 24h。采集多次实验数据表明，经上述标准化操作后，气室内部的微氧含量通常为 0.025%～0.05%，且其范围在 12h 放电试验过程中不会有大的变化。范布伦特（Van Brunt）研究认为微氧含量较低时（<1.0%），微氧对 SF_6 分解特性的影响较小。唐炬等已研究了微氧对 SF_6 局部放电分解特征组分的影响规律，并进行了合理的理论解释，所涉及微氧含量分别为 0.1%、0.2%、0.5%、1.0%、2.0%、3.0%。本书介绍的研究过程中，始终将试验气室中的微氧含量控制在较低范围内（0.025%～0.05%）。

90L气室内壁喷涂了涂层，以降低试验过程中器壁与SF_6气体中的水分交换。通过多次实验总结发现，气室内的初始水分与SF_6气体纯度、冲洗次数、抽真空时间、充入SF_6气体后的静置时间等相关。采用标准化操作统一上述相关变量后，微水含量在不同试验条件下随时间的变化情况如图4-4所示，可以发现微水含量在加压初始阶段会有表现出小幅度上升趋势，随后数值趋于稳定。除研究微水含量影响规律的试验外，其他研究过程始终将初始微水含量控制在$250\sim460\mu L/L$范围内，以尽可能降低了微水含量的影响。

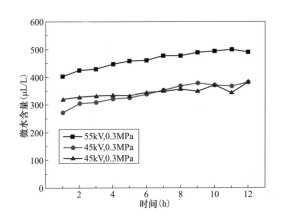

图4-4　微水含量随时间的变化情况

2. 典型绝缘缺陷

SF_6绝缘设备在生产、运输、安装、运行等过程中受到各种人为及环境因素的影响，可能在其内部出现潜伏性绝缘缺陷，这些缺陷会导致不同程度的放电，并在运行过程中下逐渐发生劣化，甚至最终引起击穿或闪络等事故。GIS中的常见缺陷类型如图4-5所示，包括金属突出物、自由导电微粒、接触不良引起的悬浮电位、绝缘子表面金属微粒、绝缘子污秽以及绝缘子内部气隙等几种类型。

内部气隙缺陷无法通过气体分解产物法进行检测，气体区域中自由微粒缺陷下的气体分解特性与金属突出物缺陷类似，其落到绝缘子上时则可引起固体

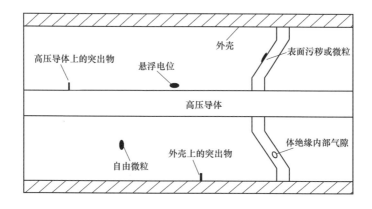

图 4-5　GIS 中常见的绝缘缺陷

绝缘沿面放电缺陷。有运行统计数据表明，故障设备在解体后主要存在金属尖端放电、悬浮金属碎屑或螺栓、盆式绝缘子沿面放电等问题。根据上述分析，本书主要针对金属突出物、悬浮电位、固体绝缘沿面等三种典型缺陷展开研究。

3. SF₆ 气体分解产物分析系统

利用气相色谱法对分解气体进行分析，采用华爱 GC9560 气相色谱仪，该仪器配备的进样及分离系统包括三个定量管、五个切换阀及六根色谱柱，可以将六氟化硫气体中的 H_2、O_2、N_2、CF_4、CO、CO_2、C_2F_6、C_3F_8、SO_2F_2、SOF_2、SO_2、H_2S、COS、CS_2 等多种分解产物进行有效分离；采用脉冲放电氦离子检测器（pulsed discharge helium ionization detector，PDHID）对产物进行定量分析；GC9560 采用高纯度 He 气（99.999% 以上）作为载气传输样品进入整个系统，输出压力为 0.6MPa，同时配备一个纯化器以进一步除去载气中的微量杂质。六根色谱柱被放置于四个柱炉内，分析时柱炉内保持恒温，温度分别为 70、120、60、60℃。其中色谱柱 1 作用是将 SF₆ 与 H_2S、COS、SOF_2、SO_2F_2 等含硫产物进行预分离；色谱柱 2 进一步将 H_2S、COS、SOF_2、SO_2F_2 等几种产物分离；色谱柱 3 对 SO_2 的吸附作用较弱，利用其分离 SO_2 和 CS_2 等两种气体产物；色谱柱 4 对 H_2、O_2、N_2、CH_4、CF_4 与 CO_2、C_2F_6 两组产物进行预分离；色谱柱5和色谱柱6对相应混合气体的成分进行细化分离。仪器内部的连接管路均经钝化处理，以降低含硫产物以及氟化氢对管路的腐蚀作用。

PDHID利用氦气中稳定、低能耗的脉冲直流放电作为电离源，使被测组分电离产生信号。无组分流入时该信号为载气电离产生的基流信号，被测组分流入时电流增大，增大程度与组分浓度成正比，从而实现定量检测。电离过程由三部分组成：①氦中放电发射出13.5～17.7eV的连续辐射光进行光电离；②被高压脉冲加速的电子直接电离组分AB产生信号，或电离载气产生基流；③亚稳态氦与组分反应产生信号。典型分解产物的出峰谱图如图4-6所示。可以发现，该仪器具有良好的分离效果和高检测精度。本书关注的气体包括SOF_2、SO_2F_2、SO_2、CS_2、CO_2、CF_4、CO等。

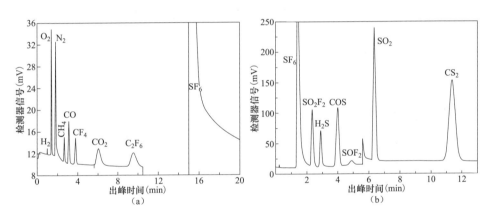

图4-6　气体分解产物色谱图

（a）A通道；（b）B通道

4. 放电监测系统

放电时会引发正负电荷中和，伴随着有一个陡的电流脉冲，通过测量阻抗在耦合电容侧从设备中性点或接地点获取脉冲电流信号即可对放电进行监测。此外，部分放电的脉冲电流可达到纳秒级，等值频率可达吉赫，可以通过检测电磁波信号以反映放电情况，该方法具有不受外界电磁干扰的优点。此处的放电监测采用了脉冲电流和超高频两种方法。

基于脉冲电流法的诊断系统 PD - check，可以获取单次放电电荷量（q）、最大放电量（Q_{max}）、放电脉冲重复率（N）、放电相位（φ）等信息。基于此可进一步计算获得放电能量（E）、平均放电量（Q_{avg}）等。基于超高频法的 DMS 系统，可以实时获得放电 PRPD 谱图、单周期峰值图等信息。

每次试验前均采用 IEC 60270《高电压试验技术　局部放电测量》（*High - Voltage test techniques - Partial discharge measurements*）推荐的测试方法对实验系统的放电量进行校正，以获得放电信号幅值与放电量之间的对应校准曲线。每隔一小时采集多次放电信息，将放电电荷量及放电能量等取平均值后作为前一小时的平均放电电荷量及能量，由此计算随时间不断累积的放电电荷量。每小时内的放电电荷量（Q_{avg}）可以通过下式计算，即

$$Q_{avg} = 3600 \cdot \frac{N}{n} \cdot \sum_{i=1}^{n} q_i \tag{4-1}$$

式中　n——检测系统所采集数据的样品容量；

$\quad\quad q_i$——所采集样品每个点的放电电荷量；

$\quad\quad N$——放电重复率。

二、金属突出物缺陷下的放电及 SF₆ 分解特性

SF₆ 绝缘设备在加工、运输装配或检修过程中损伤留下的毛刺或焊疤等会造成金属突出物缺陷，主要存在于设备内壁、母线导体以及连接件等金属结构上。运行过程中，由于突出部分曲率半径很小，会造成电场畸变从而引起局部场强集中，当其数值高于 SF₆ 气体绝缘强度时就会引起稳定局部放电。金属突出物缺陷所引发放电在初始阶段通常不至于引起故障，但如不及时处理，其危害会随放电发展越来越大。此处所构建金属突出物缺陷模型及参数如图 4-7 所示。高压电极与地电极的材料都是不锈钢，高压电极针尖长度为 20mm，尖端曲率半径约为 $100\mu m$；地电极平板的直径为 60mm，厚度为 10mm，其边缘进行倒角处理；高压电极与地电极的间距为 20mm。

1. 金属突出物缺陷下的放电特性

当外施电压上升至约 25kV 时，可检测到系稳定的信号。设置充装气压 0.3MPa、微水含量 $230\mu L/L$、外施电压 50kV。图 4-8 显示了放电作用下 SF_6 分子电离及正负离子的形成过程。

未加电压前，SF_6 分子均匀离散分布在气室内，如图 4-8（a）所示。施加高压后，高压尖端附近电场发生畸变，形成一个场强集中区域，部分 SF_6 在高场强作用下发生放电电离形成正离子和电子，如图 4-8（b）所示。体

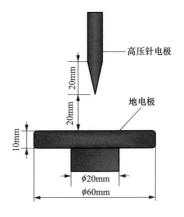

图 4-7　金属突出物缺陷
模型及参数

积较大的正离子移动速度较慢，其在外施电压正半周内缓慢向外运动并在电极附近形成正电荷区域，在外施电压负半周内则向针尖运动，并不断在针电极处发生中和失去电荷。电离所产生电子运动速度较快，外施电压正半周内，大部分电子会迅速迁移至高压电极而消失；外施电压负半周内，电子则快速向外扩散至离尖端较远的区域。由于电场衰减很快，电子在远离电极过程中

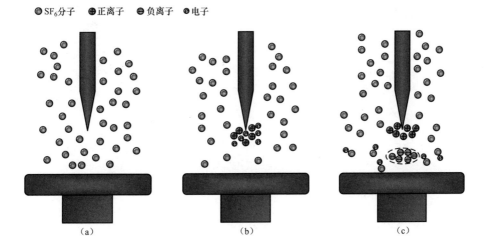

图 4-8　SF_6 分子电离及带电粒子形成过程

（a）均匀离散分布；（b）放电电离；（c）负离子扩散

速度逐渐下降，而 SF_6 是一种强电负性气体，很容易与电子发生复合反应形成亚稳态分子团（SF_6）*，经极短时间后，进一步形成负离子 SF_6^-。因此，向外扩散的电子大多形成负离子，负离子扩散速度较慢，从而在高压电压外围聚集，如图 4-8（c）所示。空间电荷分布会显著影响电极间的电场强度，电荷区域运动造成电场强度的变化，从而引起脉冲放电。

图 4-9 为金属突出物缺陷下放电的 PRPD 谱图和等效频率相位相对谱图。外施电压峰值附近的放电量最大，与峰值位置相位差相距越远的位置放电量越小，谱图形状整体呈"锥形"。由于尖端附近带电电荷聚集的影响，放电表现出明显的极性效应，外施电压正半周的放电强度高于负半周。由图 4-9（b）可以看出，放电主要集中在 45°～135°以及 225°～315°区域，等效频率集中在 0.65MHz～1.0MHz 范围内。

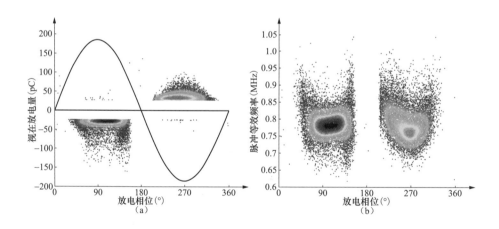

图 4-9 金属突出物缺陷放电谱图

（a）PRPD 谱图；（b）等效频率相位相对谱图

2. 金属突出物缺陷下的 SF_6 分解特性

设置外施电压 50kV，气压 0.3MPa，初始微水含量 $268\mu L/L$，几种产物含量随加压时间的变化规律如图 4-10 所示。

如图 4-10 所示，金属突出物缺陷下的分解产物主要包括 SOF_2、SO_2F_2、

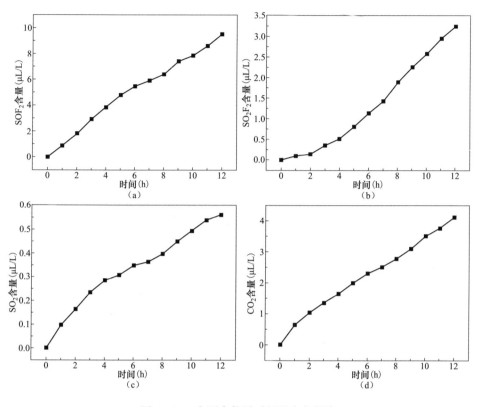

图 4-10　主要产物随时间的变化规律

(a) SOF_2；(b) SO_2F_2；(c) SO_2；(d) CO_2

SO_2、CO_2 等四种产物。

施加工频高压后，气室内根据折合电场强度（E/N）大小划分为不同区域，在高能区域内，强电负性气体 SF_6 受到电子碰撞形成负离子 SF_6^- 或亚稳态物质 $(SF_6^-)^*$，这些粒子容易发生一系列碰撞反应后，形成 SF_5、SF_4、SF_3、SF_2 等多种低氟硫化物。

实验室气室内存在微量的 H_2O 和 O_2，其受电子碰撞后也可发生分解形成 OH、O 等高活性粒子。此外，水分子与 OH 粒子还具有捕获 F 原子的能力，可以与之发生反应，即

$$H_2O + e \rightarrow OH + H + e \qquad (4-2)$$

$$O_2 + e \rightarrow O + O + e \qquad\qquad (4-3)$$

$$OH + OH \rightarrow H_2O + O \qquad\qquad (4-4)$$

$$F + OH \rightarrow HF + O \qquad\qquad (4-5)$$

$$F + H_2O \rightarrow HF + OH \qquad\qquad (4-6)$$

O、OH 等高活性粒子以及 H_2O、O_2 分子可以与低氟硫化物发生氧化、水解等一系列反应，从而形成较稳定的分解产物。

SF_4 是 SF_6 气体分解过程中的一种重要中间产物，其可从高能量区域迁移至低能量区域参与反应。有研究表明 SF_4 半衰期较短（约 $0.15\sim0.4h$），可以假设迁移至低能量区域中的 SF_4 全部参与进一步的反应。索尔斯（Sauers I）等人利用质谱法研究发现，当放电气室内含少量水分时，SOF_2^+ 对应峰随时间增强，而 SF_3^+ 对应峰则随之削弱。说明 SF_4 可发生水解反应，生成 SOF_2 产物，这也与本书的理论研究相符合，反应式为

$$SF_4 + H_2O \rightarrow SOF_2 + 2HF \qquad\qquad (4-7)$$

由图 4-11 所示分解模型可知，SO_2F_2 和 SO_2 的主要生成路径分别为 SF_2 的逐级氧化和 SOF_2 的水解，即

$$SF_2 \xrightarrow{O} SOF \xrightarrow{O} SO_2F \xrightarrow{F} SO_2F_2 \qquad\qquad (4-8)$$

$$SOF_2 + H_2O \rightarrow SO_2 + 2HF \qquad\qquad (4-9)$$

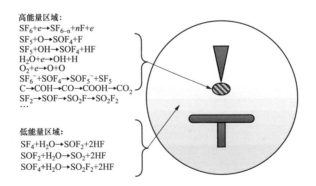

图 4-11　导体局部场强集中缺陷分解模型

由于 SF_6 逐级解离形成各低氟硫化物，其生成 SF_4 所需的能量低于 SF_2，因此 SF_4 的含量高于 SF_2。此外，SF_2 为较为稳定，部分会迁移至低能量区域，而 SO_2F_2 的生成限制在高能量区域。迁移至高能量区域中的 SF_2 会发生复合反应形成 SF_4 或 SF_6。因此，SO_2F_2 的含量明显低于 SOF_2。

SF_6 气体分解机理研究发现，反应式（4-9）的速率很低，其速率常数比式（4-7）和式（4-8）小几个数量级，有文献也得到了类似的结论。因此，试验过程中 SO_2 含量一直比较低，12h 时其值仅为 $0.56\mu L/L$，如图 4-10（c）所示。

除图 4-10（a）～图 4-10（c）所示三种含硫含氧产物外，分解过程中还会产生一种稳定性较差很容易水解的含硫含氧产物 SOF_4。SOF_4 很大程度上受空间中微氧和微水含量的影响，其作用机制体现在两个方面：一方面微水微氧可以经电子碰撞解离后提供 OH、O 等高活性粒子；另一方面水分具有捕获会在一定程度上消耗 F 原子，从而变相降低 SF_5、SF_4 等低硫氟化物重新合成为 SF_6 的效率，同样可以促进 SOF_4 的生成。由于测量手段的限制，本书不直接关注该产物的含量。

SOF_4 稳定性较差，一部分会发生水解反应 SO_2F_2，即

$$SOF_4 + H_2O \rightarrow SO_2F_2 + 2HF \tag{4-10}$$

三、悬浮电位缺陷下的放电及 SF_6 分解特性

1. 悬浮电位缺陷设置及放电特性

SF_6 绝缘设备运输、安装时的晃动以及设备开断过程中的振动，都可能导致内部分连接组件发生移位，从而形成悬浮电位缺陷。该缺陷类型在设备内表现为以下形式：拉杆件与动触头接触不良或动静触头合闸不到位、固定螺栓松动、高压导杆与支撑绝缘子连接接头接触不良、拉杆连接与销子之间存在缝隙等。由于悬浮电位放电能量大，会对缺陷所涉及材料或部件产生电侵蚀，从而促进缺陷进一步发展，严重威胁设备的安全运行。如不及时发现并做处

理，甚至可能造成电网安全事故。

本书所构建悬浮电位缺陷模型及参数如图 4-12 所示。高压电极与地电极的材料都是不锈钢，直径为 60mm、高为 10mm，通过直径 8mm 的外螺栓与气室相连；地电极与悬浮电位体之间采用一个圆柱形环氧树脂进行电气隔离，其直径为 40mm、高为 30mm；经反复调整高压电极与悬浮电位体之间的距离，设置为 0.3mm，以保证所设置放电条件下能够促使 SF$_6$ 发生分解。

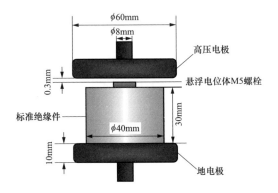

图 4-12　悬浮电位缺陷模型及参数

针对本书所设置缺陷模型，实验过程中需要排除环氧树脂的影响，避免复合型缺陷共同作用。主要通过两种方法进行判断：

（1）悬浮电位缺陷与固体绝缘缺陷所产生的放电信号差别很大，前者所引起放电的信号主要集中在第一和第三象限，平均放电量通常非常大（通常为几千皮库），后者虽然也集中在一三象限，但平均放电量通常比较小（一般为几百皮库）。同时，悬浮电位缺陷引起放电信号的幅值较集中谱图呈现"带形"，由固体绝缘缺陷引起放电的谱图则呈"三角形"。因此，试验过程中需要始终对气室内的放电情况进行监测，保证所施加条件下不出现固体绝缘缺陷放电。

（2）已有研究表明，CF$_4$、CS$_2$ 等为固体绝缘缺陷所引发放电的典型分解产物，而并非悬浮电位缺陷下的产物，试验过程中，一旦检测到呈增长趋势的多种含碳产物则需调整试验参数。

气室内充装 0.3MPa 纯度为 99.999％的 SF_6 气体，逐步升高外施电压，直至局部放电测量系统中观察到重复性放电信号。结果显示当罐体内置悬浮电位缺陷时，其局部放电起始电压 U_0 为 37.5kV。悬浮电位缺陷下的放电谱图如图 4－13 所示。

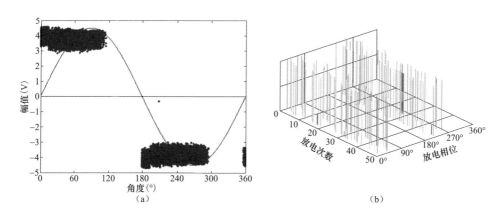

图 4－13　悬浮电位缺陷放电谱图

(a) 脉冲电流谱图；(b) 超高频谱图

由图 4－13 可以看出，在所加载实验电压下，放电信号集中在第一和第三象限，单次放电幅值很大，为典型的悬浮电位放电信号。同时气体分解产物检测结果表明在实验过程中始终不包含 CF_4、CS_2 等产物。因此，可以判断本书所设置缺陷参数及外施实验条件是合理的。

2. 悬浮电位缺陷下的 SF_6 分解特性

外施电压为 50kV，充装气压 0.3MPa，初始微水含量为 $294\mu L/L$。试验结果显示，悬浮电位缺陷下的主要稳定分解产物类型与金属突出物缺陷相同，同样包括 SOF_2、SO_2F_2、SO_2 和 CO_2 等四种。图 4－14 为几种产物含量随加压时间的变化规律。

如图 4－14 所示，悬浮电位缺陷下会产生 SOF_2、SO_2F_2、SO_2 三种含硫产物，其含量都随加压时间呈明显增长趋势。此外如前所述，悬浮电位缺陷最常表现为设备内部件连接松动，常常会涉及连接螺栓。而这些螺栓的材质

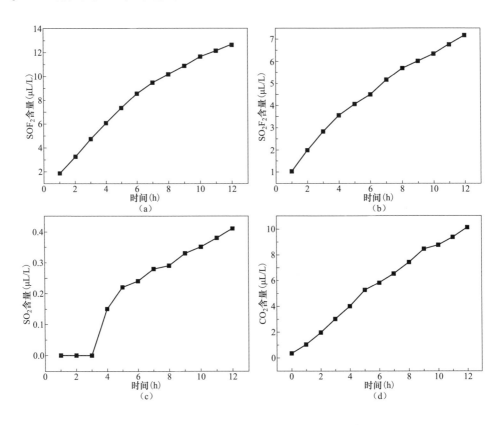

图 4-14 主要产物含量随时间的变化规律

(a) SOF_2；(b) SO_2F_2；(c) SO_2；(d) CO_2

为不锈钢，内含有碳元素，在高能放电区域这些碳元素可与电子碰撞后形成的活性氧发生反应生成 CO_2。因此，悬浮电位缺陷下，CO_2 是另一种重要的分解产物。

有文献认为，不同放电强度下的气体分解速率不相同，因此产物的生成速率与放电严重程度之间存在关联关系。可以利用绝对产气速率 γ 来表征典型分解产物的产气特性，即

$$\gamma_{ik} = \frac{\varphi_{i(k+1)} - \varphi_{ik}}{\Delta t} \tag{4-11}$$

式中 γ_{ik}——第 i 种产物在第 k 时刻的绝对产气速率；

$\varphi_{i(k+1)}$——第 i 种产物在第 $k+1$ 时刻的含量；

φ_{ik}——第 i 种产物在第 k 时刻的含量；

Δt——测量时间间隔，此处取 $\Delta t = 1\mathrm{h}$。

由于产气速率在短时间内变化比较小，因此本书采用各产物的总体平均产气速率来表征产气规律，即

$$\gamma_i = \frac{\sum_{k=1}^{t} \gamma_{ik}}{t} \qquad (4-12)$$

式中：γ_i——第 i 种产物的总体平均产气速率；

t——试验时间，此处选择 $t=12$。

图 4-15 对比了相近外施条件下（电压为 50kV、气压 0.3MPa、微水含量相近）金属突出物缺陷和悬浮电位缺陷下几种典型产物的生成速率。可以发现，悬浮电位缺陷下四种产物按生成速率由高至低依次为：CO_2、SOF_2、SO_2F_2 和 SO_2。此外，悬浮电位缺陷下 SOF_2 的生成速率为金属突出物缺陷下的 1.37 倍，但 SO_2F_2 和 CO_2 的生成速率则为金属突出物缺陷下的 2.14 倍和 2.60 倍，说明悬浮电位缺陷下 SO_2F_2 和 CO_2 在总气体产物中的占比高于金属突出物缺陷。

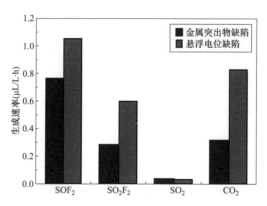

图 4-15　主要分解产物的生成速率

金属类缺陷下 CO_2 来源于高压导体表层 C 元素的氧化反应，反应需要高活性粒子 O 的参与，因此反应在高能量区域内才会发生。悬浮电位体表面并不

光滑，存在一些曲率半径比较大的突起。升高电压到一定值后，某一突出点或多个点附近的电场强度升高至足以引起电子崩或流注时，则会引起放电。因此，悬浮电位缺陷下的放电下的高能量区域体积比较大，能提供的 C 元素量也比较多。此外，悬浮电位放电能量比较高，可以通过电子碰撞解离更多的 H_2O 和 O_2，从而生成更多的 O 粒子。因此，该缺陷类型下，CO_2 的含量占比较高。

SOF_2 主要来源于 SF_4 的水解反应，而 SO_2F_2 则主要经 SF_2 的氧化反应生成。高能区域中的 SF_6 分子可以经电子碰撞逐级裂解为 SF_4 和 SF_2 等低氟硫化物，分解生成 SF_2 所需的能量明显高于 SF_4。能量越高，越有利于更多的 SF_6、SF_5、SF_4 等发生解离生成 SF_2，同时更多 O_2 解离生成 O 粒子。因此，SO_2F_2 与放电能量的密切关系强于 SOF_2。如图 4 - 13 所示，悬浮电位缺陷的放电能量很高，因此该缺陷类型下 SO_2F_2 的含量占比高于金属突出物缺陷。

如前文所述，生成 SO_2 的反应已经远离放电源，所以其反应速率明显低于其他几种典型产物。

四、固体绝缘沿面缺陷下的放电及 SF_6 分解特性

固体绝缘是高压设备的绝缘薄弱环节，相当比例 SF_6 设备绝缘故障与绝缘子有关。固体绝缘材料表面放电通常起始于绝缘材料与金属材料分界处，一般情况下两种材料接触角大于 90°，比如盆式绝缘子、法兰、SF_6 气体交汇处。日本学者拓真等人研究发现这种圆盘形绝缘子可以有效降低最大电场强度，因此洁净的绝缘子表面很少发生放电或闪络。而当固体绝缘材料表面发生异常状况，比如表面出现污秽、凸起、微粒等时，异常状况点金属材料与绝缘材料之间接触角通常比较小甚至接近于 0，此时会引起局部电场畸变，并可在严重条件下引发电子发射，进而形成流注，最终发生沿面放电。SF_6 设备固体缺陷主要包括表面微粒、沿面放电以及内部气隙等几种。其中内部气隙缺陷位于绝缘子内部，与主气室不存在气体通道，因此所产生的气体分解产物无法被检测

到，该缺陷类型目前主要通过超高频、超声波以及 X 射线探伤等方法进行检测。绝缘子表面颗粒所引起气体分解产物与金属突出物缺陷类型类似，不再做单独研究。固体绝缘沿面缺陷所引起放电危害性比较大，相比其他缺陷类型更可能发展形成较严重的故障，因此本书此部分着重研究该缺陷类型下的放电分解特性。

不同于气体介质，固体介质电性能在损伤之后无法完全恢复，这将对设备的安全运行造成严重隐患。此外，放电作用下固体绝缘缺陷还可能在较短时间内发生劣化，进而形成沿面闪络或击穿。因此，有必要对固体绝缘沿面缺陷进行可靠检测。

目前，国内外学者对 SF_6 分解产物分析法在固体绝缘沿面缺陷检测中的应用开展了一些研究工作。有学者认为 CF_4 是固体绝缘缺陷放电下的典型产物，可以将其作为诊断该缺陷类型的重要特征产物。然而，部分 GIS 设备中会混入微量 CF_4，单一使用 CF_4 作为诊断参量的准确性还有待进一步研究。武汉大学周文俊等发现产物 CS_2 与环氧树脂放电直接相关，并对 CS_2 的生成机理进行了研究，但并未就该产物在缺陷诊断应用方面做进一步阐释。

（1）固体绝缘沿面缺陷下的放电特性。固体绝缘沿面缺陷模型如图 4 - 16 所示，环氧树脂件利用一个 550kV GIS 盆式绝缘子切割加工而成，其直径为

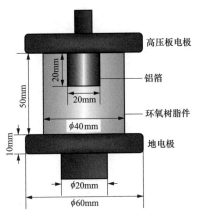

图 4 - 16　缺陷模型示意图及参数

40mm、高为 50mm。高压电极和地电极为厚 10mm，直径 60mm 的板电极，环氧树脂件夹在两平板中间，其对称轴相互重合。在电极的另一端分别设置延长的外螺纹杆以与试验气室相连接。在高压板电极下沿与环氧树脂接触处贴有一个长宽均为 20mm 的铝箔以形成局部强电场，铝箔下沿与地电极之间的间距为 20mm。

试验罐体内充装 0.3MPa 纯度为 99.999％的 SF_6 气体，微水含量经测试为 $234\mu L/L$。逐步升高电压，直至放电测量系统中观察到重复性的放电信号，发现图 4-15 所示沿面缺陷的局部放电起始电压为 28kV。当实验外施电压设置为 60kV 时，可以检测到如图 4-17 所示放电信号，同时伴随间歇性闪络。

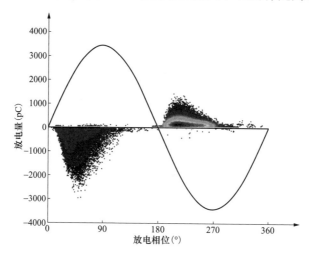

图 4-17　固体绝缘沿面缺陷放电谱图

由图 4-17 可以发现放电主要集中于第一、第三象限，呈三角形，为典型的固体绝缘沿面缺陷放电谱图。试验进行至约 6.5h，绝缘子表面形成贯穿性通道。

绝缘子沿面缺陷从发生放电到产生贯穿性击穿通常分为四个阶段，如图 4-18 所示。起始阶段，施加高电压后，固体绝缘—气体—金属三种材料的交界面处会形成局部场强集中，当场强升高至一定值后，会引起交界面附近气体发生局部放电。在电场作用下，放电产生的大量带电粒子在绝缘材料表面发生电荷积聚。如图 4 - 17 所示，此时放电在工频电压负半周内更容易发生，绝缘子表面更容易累积负电荷。有文献测试了交流电压下的绝缘子表面电荷密度图，得到了与本书判断相同的结果。

图 4 - 18　绝缘子沿面缺陷放电过程

(a) 起始阶段；(b) 发展阶段；(c) 间歇闪络阶段；(d) 击穿阶段

外施电压正半周期内，绝缘子表面存在的大量负电荷会起到加强高压区域电场强度的作用，从而提高有效初始电子产生概率，增强了气体电离剧烈程度，并进一步增加了表面电荷积聚量。在外施电压负半周期内，负电荷会加强聚积区前方的电场强度，使电离向着地电极方向发展，如图 4 - 18 (b) 所示。

随着放电发展，绝缘子表面聚积越来越多的带电粒子，其在电场作用下逐渐迁移到地电极侧，从而形成电导良好的等离子通道，发生间歇性闪络击穿，如图 4 - 18 (c) 所示。此时，固体表面绝缘具有一定自恢复性，闪络通道迅速消耗了部分表面积聚电荷。

多次间歇性击穿后，沿面通道被逐渐碳化，同时带电质点不断撞击介质表面，使局部温度升高。随后，沿面放电通道电阻率下降，间歇性击穿频率不断增大，放电密度持续提高，最终造成绝缘子沿面贯穿性击穿后造成绝缘失效，如图 4-18 (d) 所示。

(2) 固体绝缘沿面缺陷下的 SF_6 分解特性。图 4-19 和图 4-20 所示为固体绝缘沿面缺陷条件下主要分解产物含量随时间的变化规律，包括 SOF_2、SO_2 等两种含硫含氧产物以及 CS_2、CF_4、CO、CO_2 等四种含碳产物。下面对气体分解特性进行分析。

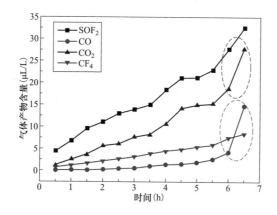

图 4-19　产物含量随时间的变化（SOF_2、CO、CO_2、CF_4）

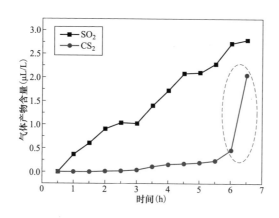

图 4-20　产物含量随时间的变化规律（SO_2、CS_2）

固体绝缘沿面缺陷下，产生的含硫含氧分解产物主要包括 SOF_2 和 SO_2 两种，并没有检测出显著含量的 SO_2F_2，这与金属突出物缺陷是不同的。有文献得到了上述类似的结果，其缺陷模型发生闪络放电时未检测到 SO_2F_2，不发生闪络放电时则只能检测到含量很低的 SO_2F_2，24h 后 $\varphi(SO_2F_2)$ 的值仍然低于 $0.1\mu L/L$，容易被吸附剂或壳体吸收。

图 4-21 显示了 SOF_2、SO_2F_2、SO_2 等含硫分解产物的形成过程，其中主要反应过程用阴影部分突出。如图中左侧虚线框中所示，SF_6 受到高能电子碰撞可发生解离反应形成低氟硫化物，SF_2 会在高能量区域中逐步氧化生成 SO_2F_2，其中 O 主要来源于 O_2 的解离过程；部分 SF_4 会从高能量区域迁移至低能量区域，然后与 H_2O 发生水解反应，生成 SOF_2、SO_2 等分解产物。

固体绝缘沿面缺陷下所生成的分解产物与其表面吸附的微水和微氧密切相关。固体表面对气体或液体分子的吸附作用受到范德华力影响，通常极性分子间的范德华力大于极性分子与非极性分子间的作用力，分子极性越大，则作用力越大，由于 H_2O 和 O_2 分别是典型的极性分子和非极性分子，绝缘材料表面对 H_2O 的吸附作用明显强于 O_2。因此，固体绝缘沿面缺陷下产生了含量较高的 SOF_2，却没有产生可被检出的 SO_2F_2。

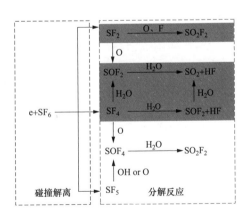

图 4-21　几种主要含硫产物的生成过程

SO_2 主要来自于 SOF_2 的水解反应，相比其他反应，该反应的速率很低。

然而，如图 4-20 所示，SO_2 在 6.5h 的含量仍然达到了 $2.8\mu L/L$。一方面是因为绝缘沿面缺陷下的放电能量较高，如图 4-17 所示，最高放电量达到数千 pC。同时，固体绝缘沿面放电通道附近的平均温度也较高，有利于反应的进行。另一方面，材料表面对水分的吸附作用促进了放电过程中的水解反应。

固体绝缘沿面缺陷的一个典型特征是会产生多种含碳产物。环氧树脂的典型结构如图 4-22 所示，其中 n 代表聚合度，可以发现，其主要由 C、O、H 等三种元素组成，含有大量的含碳结构。

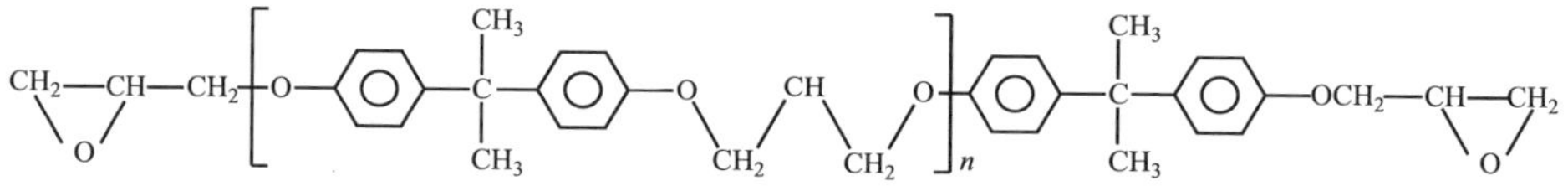

图 4-22 环氧树脂典型结构

分析认为，材料表面分子会被电离或直接高温分解，部分含碳基团之间的化学键会发生断裂，产生多种 CH_x 基团。根据第二章研究结果可知含碳基团 CH_x 可与 F、HF、SF_x、OH 等高活性粒子发生反应，其中的 H 会逐步被 F、O、OH 等替代，从而形成稳定的含碳产物，如图 4-19 和图 4-20 所示，包括 CO、CF_4、CO_2 和 CS_2 等四种，其中 CF_4 和 CO_2 两种产物的含量相对较高。

中国电力科学研究院针对跨区电网 550kV GIS 和 1100kV GIS 进行了分解产物带电检测研究，对 1326 个 550kV 气室及 154 个 1100kV 气室的产物进行了统计分析。结果显示，超过 50% 的气室内检测到 CO，且部分气室内 CO 含量超过 $50\mu L/L$。可以判断 CO 作为诊断设备状态特征气体的科学性还有待进一步研究。然而，如图 4-19 所示的试验过程中 CO 的含量都随时间呈明显增长趋势。实际产生运行过程中，如非突发性事故，通常会对潜伏性故障设备进行跟踪监测。因此，CO 的增量可以辅助其他气体产物对固体绝缘缺陷进行检测。

CS_2 是近年新发现的一种放电分解产物，于 2012 年由广东省电力科学研究院、武汉大学、西安交通大学等几家研究机构利用质谱法确定，如图 4-23所示。

图 4-23　CS$_2$的质谱棒状图

如图 4-20 所示，虽然 CS$_2$的含量明显低于其他产物，但该产物仍然被认为是诊断 SF$_6$绝缘设备中的固体绝缘沿面放电故障的一种有效特征气体。原因如下：

1）首先，SF$_6$新气中通常不包含任何 CS$_2$，且相比其他分解产物，直线型 CS$_2$分子稳定性很高，几乎不与 O$_2$、SF$_x$、OH 等物质发生反应。同时，图 4-24 显示了 CS$_2$标准气体含量在吸附剂存在条件下随时间的变化规律，可以发现 CS$_2$几乎不为吸附剂所吸收。

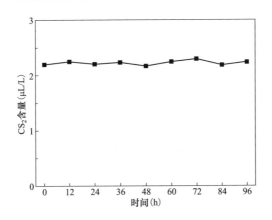

图 4-24　吸附剂存在条件下 CS$_2$含量随时间的变化规律

2）其次，目前测量仪器具备对 CS$_2$的高响应特性，即在相同进样浓度时具有较大的峰面积。根据气相色谱定量原理气体含量为响应因数与峰面积的乘积，所以响应因素越低的产物响应特性则越好。

表 4-1 对比了气相色谱仪对几种典型气体产物的响应因数，可以发现

CS_2的响应因数明显低于其他产物。因此，即便CS_2含量很低，但测量设备对其的检测精度达到$0.05\mu L/L$，可以满足精确检测的要求。

表 4 - 1 典型气体产物的响应因数

气体产物	SO_2F_2	SOF_2	SO_2	CF_4	CS_2	CO	CO_2
响应因数	1.275×10^{-4}	1.553×10^{-4}	1.811×10^{-4}	2.031×10^{-4}	0.978×10^{-4}	5.401×10^{-4}	1.632×10^{-4}

CS_2的生成路径总结如图 4 - 25 所示，SF_6发生深度分解生成 SF 或 S，然后继续反应形成硫单质S_2。S_2可与绝缘表层因放电而脱落的碳氢化学物发生直接反应最终生成CS_2。由于CS_2需要SF_6、CH_3发生深度分解，该产物只要在高能量放电（如固体绝缘表面闪络放电）或绝缘材料表层存在严重碳化时才会生成。因此，CS_2与严重缺陷或故障存在强关联关系。

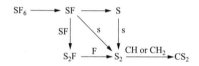

图 4 - 25 CS_2的生成路径

如图 4 - 19 和图 4 - 20 中椭圆虚线区域所示，另一个值得注意的现象是，$6\sim 6.5h$ 之间，CS_2、CO、CO_2 等几种产物的含量分别从 0.46、4.22、$18.69\mu L/L$增长至 2.05、14.76、$27.77\mu L/L$，增长速率明显高于放电前期。实际上，在放电发展至 6.5h 左右，绝缘表面发生贯穿性击穿造成绝缘失效。

绝缘材料中的含碳结构为含碳产物提供了碳源，当放电临近击穿时，绝缘子表面经多次闪络后形成的炭化通道逐步贯穿整个沿面路径，可以提供的碳源量明显增加。同时由于临近形成贯穿性碳化通道后表面电阻率速率下降，通道内的电流会增大，导致沿面路径内存在放电和发热复合缺陷。此时 CO、CO_2、CS_2等几种含碳产物的含量增长率也随之增加。因此，可将 CO、CO_2、CS_2的含量及增长速率作为诊断绝缘沿面缺陷严重程度的重要特征参量。当检测发现这些产物的含量迅速增长时，即可判断其内绝缘材料存在缺陷，且进行发展到临近故障的程度。

第二节　基于 GIS 气体分解产物检测技术介绍

一、特征气体法

SF_6 放电条件下的分解产物可能包括 SOF_2、SO_2F_2、SO_2、S_2OF_{10}、S_2F_{10}、H_2S、SOF_4、CO_2、CF_4、CS_2、HF、CO 等。HF 是一种酸性气体，易溶于水，具有强腐蚀性，其极易与放电电极、绝缘子、试验罐体内壁等发生化学反应，检测过程中 HF 还会腐蚀色谱柱，因此虽然 HF 是一种生成量较大的产物，但其含量的准确值很难测定；S_2OF_{10} 是否适合作为特征气体目前仍然存在争议，西安交通大学的王圆圆及广东电力科学研究院王宇等认为该产物可以作为判断设备故障的特征气体，广东电力科学研究院的周永言等则认为 S_2OF_{10} 在放电条件下不会大量生成，其在判断设备放电时具有一定价值，但含量增长速率很慢，对放电程度和放电类型等不敏感；SOF_4 的稳定性比 SOF_2、SO_2F_2、SO_2 等都差，容易与 H_2O 发生水解反应，因此含量受到微水影响较大，不适合作为特征产物；SOF_2、SO_2、SO_2F_2 等是较为稳定的含硫含氧产物，生成量与放电特性、放电类型密切相关，被广泛用作特征产物，其中 SO_2 主要是由 SOF_2 水解生成，因此经常将二者统一考虑；当金属电极材料中含有微量碳元素或放电涉及固体绝缘材料时，会产生 CO_2，其性质很稳定，生成后不会再发生进一步反应，因此也适合作为特征产物；CF_4、CO、CS_2 等则是判断放电涉及固体绝缘缺陷的重要产物。

综上所述，可以作为特征分解产物的气体有 SOF_2、SO_2F_2、SO_2、CO_2、CO、CF_4、CS_2 等，目前检测技术均可以实现对这些气体的定量检测。金属突出物缺陷和悬浮电位缺陷等导体局部场强集中缺陷下的主要产物为 SOF_2、SO_2F_2、SO_2、CO_2，悬浮电位缺陷下 CO_2 和 SO_2F_2 的含量占比高于金属突出物缺陷。实际上在气体绝缘设备内部主要涉及金属材料的缺陷下产物均是这四种。当放电涉及固体绝缘材料时会产生 SOF_2、SO_2、CO_2、CO、CF_4、CS_2 等多种产物，存在多种含碳产物是固体绝缘缺陷放电的典型特征。通过含碳产物的生成与否可以对固体绝缘缺陷和金属导体局部场强集中缺陷进行简单判别。

SF_6 绝缘设备内的金属突出物缺陷主要表现为高压导杆等金属材料表面毛刺、绝缘子表面金属碎屑等；悬浮电位缺陷主要表现为高压导杆与支撑绝缘子连接接头松动、动静触头接触不良、固定螺栓松动等；固体绝缘沿面缺陷主要发生在支撑绝缘子或盆式绝缘子表面。因此，气体产物类型还可以对设备内部缺陷位置作初步预测，从而缩小检测范围，提高运行人员工作效率。

对不同故障类型下的特征气体的总结如表 4 - 2 所示。可以发现 SF_6 分解产物分析法可对差异较大的故障类型（比如放电性故障和过热性故障）进行快速判断，但对放电故障下不同缺陷类型（比如金属突出物缺陷和悬浮电位缺陷）的判断存在不确定性。

表 4 - 2   特征气体在不同故障类型下的特点

故障类型	特征气体的特点
电弧放电	产物为 SOF_2、SO_2、SO_2F_2、CF_4 等，其中 SO_2F_2 和 SO_2 含量较低；可能生成 CuF_2、AlF_3 等金属氟化物
火花放电	产物为 SOF_2、SO_2F_2、SO_2、SOF_4 等，SO_2F_2 占比高于电弧放电
金属突出物缺陷	产物为 SOF_2、SO_2F_2、CO_2、SO_2 等
悬浮电位缺陷	产物为 SOF_2、SO_2F_2、CO_2、SO_2 等
固体绝缘沿面缺陷	会产生 CO_2、CF_4、CO、CS_2 等多种含碳产物，临近击穿时 CO、CS_2 的生成速率迅速增加
金属性过热缺陷	少量的 SO_2F_2、SOF_4、H_2S；大量的 CO_2、SOF_2、SO_2；无 CF_4
有机绝缘材料过热缺陷	存在 SO_2、SOF_2、CO_2、CF_4、SO_2F_2、CS_2、H_2S 等产物，其中 SO_2 含量最高

二、含量比值法

含量比值法是根据特征气体间的含量比值判断设备状态，可分为编码识别和比值范围判断两种方法。近年来，SF_6 气体分解产物含量比值法在缺陷诊断中的应用受到了国内外学者的广泛关注。有文献提出可以用 $\varphi(SOF_2)/\varphi(SO_2F_2)$、

$\varphi(CF_4)/\varphi(CO_2)$、$\varphi(SOF_2+SO_2F_2)/\varphi(CO_2+CF_4)$ 等三组气体产物含量比值作为表征绝缘缺陷类型的参量，并建立了相应的编码树。有文献进一步研究了外施电压、微水含量等对 $\varphi(SO_2F_2)/\varphi(SOF_2)$ 的影响。然而，有文献表明，金属突出物缺陷下 CF_4 的含量很低，其是否能够被大量检测到仍具有一定的争议。因此，$\varphi(CF_4)/\varphi(CO_2)$ 的有效性有待进一步验证。由不同缺陷下的 SF_6 分解特性可以发现，金属突出物缺陷、悬浮电位缺陷、固体绝缘沿面缺陷放电后含量最高的产物都是 SOF_2，而 $\varphi(SO_2F_2)$ 在部分放电条件以及绝缘缺陷下的值很小。当 $\varphi(SO_2F_2)$ 很小时，$\varphi(SOF_2)/\varphi(SO_2F_2)$ 的值会因 $\varphi(SO_2F_2)$ 的微小变动发生很大改变。因此 $\varphi(SO_2F_2)$ 不适合被单独放在比值的分母位置。

参考已有研究中所提出的产物含量比值，同时考虑到 SO_2 这一工程中被广泛应用的产物以及固体绝缘缺陷下会产生的多种含碳产物的影响，本书提出将 $\varphi(SO_2F_2)/\varphi(SOF_2+SO_2)$ 和 $\varphi(SOF_2+SO_2+SO_2F_2)/\varphi(CO_2+CF_4+CO+CS_2)$ 作为缺陷类型识别的特征参量，下面将对这两个比值的物理意义及影响因素进行讨论与分析。

1. $\varphi(SO_2F_2)/\varphi(SOF_2+SO_2)$ 含量比值

图 4-26 给出了 SOF_2、SO_2F_2、SO_2 等三种含硫含氧产物的主要生成路径。SF_6 受高能电子碰撞发生解离后形成低氟硫化物 SF_5、SF_4、SF_2 等，其中 SF_4 主要经水解反应形成 SOF_2，然后再经水解反应生成 SO_2。SO_2F_2 可以通过 SOF_4 水解或 SF_2 氧化生成，其中后者是主要路径。

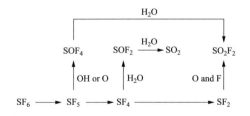

图 4-26 含硫含氧产物的主要生成路径

SOF_2 和 SO_2 两种产物都是主要源自于低氟硫化物 SF_4，经常共同存在，因此在产物含量比值分析中，本书始终将 SOF_2 与 SO_2 统一处理。有文献认为 SF_4 在试验罐体中的半周期为 $0.15 \sim 0.4h$ 之间，低于采样间隔（约 1h）。可以认为通常游离出高能放电区域的 SF_4 会几乎完全反应生成 SOF_2 或 SO_2。因此 $\varphi(SOF_2 + SO_2)$ 可以表征放电罐体内游离到主气室区域中 SF_4 的含量。SO_2F_2 的含量则可以一定程度上表征解离形成 SF_2 的含量。$SOF_2 + SO_2$ 与 SO_2F_2 间的含量比值关系和 SF_6 解离程度相关。$\varphi(SO_2F_2)/\varphi(SOF_2 + SO_2)$ 可以表征 SF_6 解离形成 SF_4 和 SF_2 的比率关系，即 SF_6 的解离程度。SF_6 在受电子碰撞后发生解离反应逐级形成低氟硫化物，其失去四个 F 原子形成 SF_2 所需的能量高于失去两个 F 原子形成 SF_4 的能量。对于不同放电缺陷类型而言，高能量区域的大小以及能量有所不同，因此 SF_6 的解离程度会随之变化，SF_4 和 SF_2 的比率也会有所差异，自然 $\varphi(SO_2F_2)/\varphi(SOF_2 + SO_2)$ 也随缺陷类型而变化。

由于放电条件对几种含量产物的影响不尽相同，因此 $\varphi(SO_2F_2)/\varphi(SOF_2 + SO_2)$ 的值也会受到放电量、气压、微水含量等因素的影响。

图 4 - 27 为不同放电量下 $\varphi(SO_2F_2)/\varphi(SOF_2 + SO_2)$ 值随时间的变化规律。可以发现，$\varphi(SO_2F_2)/\varphi(SOF_2 + SO_2)$ 值随放电量的增加表现出明显的增长趋势，这是因为放电能量随放电量增加而增加，从而促使更多的 SF_6、SF_4

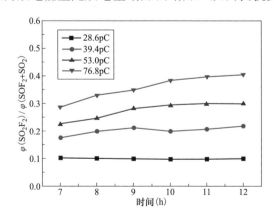

图 4 - 27 放电量对 $\varphi(SO_2F_2)/\varphi(SOF_2 + SO_2)$ 的影响

$[P = 0.3MPa，\varphi(H_2O) \approx 300\mu L/L]$

解离形成 SF_2，O_2 解离生成 O，这将促进 SO_2F_2 的生成。

$\varphi(SO_2F_2)/\varphi(SOF_2+SO_2)$ 随气压变化的结果如图 4 - 28 所示，可以发现该含量比值随气压的降低而表现出上升趋势。由于 SF_6 解离形成 SF_2 需要的能量高于 SF_4，$\varphi(SO_2F_2)/\varphi(SOF_2+SO_2)$ 也一定程度上反映了高能区域中电子的能量大小，电子能量越大，则 SF_2 的比例越大，$\varphi(SO_2F_2)/\varphi(SOF_2+SO_2)$ 的值越大。气压降低后，电子平均自由行程增加，累积的能量也随之增加，因此 $\varphi(SO_2F_2)/\varphi(SOF_2+SO_2)$ 增大。

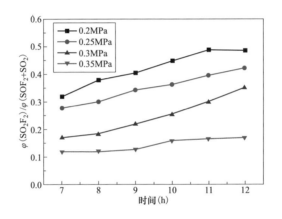

图 4 - 28　气压对 $\varphi(SO_2F_2)/\varphi(SOF_2+SO_2)$ 的影响

$[U=50kV，\varphi(H_2O)\approx300\mu L/L]$

另一方面，SO_2F_2 主要是由 SF_2 在高能量区域中发生氧化反应形成。高能量区域外边界附近区域中 SF_2 可迁移至低能量区域，由于低能量区域中缺乏自由基 O，SF_2 主要发生复合反应生成 SF_4 或 SF_6。气压降低后高能量区域的体积减小，体积越小高能区域外边界过渡区域的占比越高，这导致更高比率的 SF_2 迁移至低能量区域，因此 SO_2F_2 含量的相对占比会下降。

图 4 - 29 显示了微水含量对 $\varphi(SO_2F_2)/\varphi(SOF_2+SO_2)$ 的影响，可以发现低含量条件下（$<1000\mu L/L$），微水对 $\varphi(SO_2F_2)/\varphi(SOF_2+SO_2)$ 的影响规律不明显。

图 4 - 30 显示了添加吸附剂后对 $\varphi(SO_2F_2)/\varphi(SOF_2+SO_2)$ 的影响。吸附

剂影响的研究发现，吸附剂对 SOF_2 的吸附效果强于 SO_2F_2，因此添加吸附剂后 $\varphi(SO_2F_2)/\varphi(SOF_2+SO_2)$ 的值会上升。

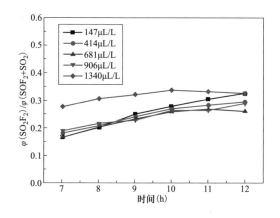

图 4-29　微水含量对 $\varphi(SO_2F_2)/\varphi(SOF_2+SO_2)$ 的影响

($U=50kV$，$P=0.3MPa$)

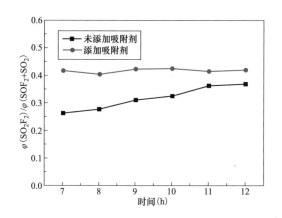

图 4-30　吸附剂对 $\varphi(SO_2F_2)/\varphi(SOF_2+SO_2)$ 的影响

[$U=60kV$，$P=0.3MPa$，$\varphi(H_2O)\approx500\mu L/L$]

　　总结可得，$\varphi(SO_2F_2)/\varphi(SOF_2+SO_2)$ 的值受到多种因素的影响，其随放电量的增加而增大，随气压的增加而减小，在添加吸附后会增大，受微水含量影响较小。该产物比值在应用过程中需要考虑放电量、气压及吸附剂的影响。

2. $\varphi(SOF_2+SO_2F_2+SO_2)/\varphi(CO_2+CF_4+CO+CS_2)$ 含量比值

SOF_2、SO_2 和 SO_2F_2 等三种含硫含氧产物都直接来源于 SF_6 经电子碰撞裂解产生的低氟硫化物，其含量和高能量区域体积及电子能量存在直接关系，因此 $\varphi(SOF_2+SO_2+SO_2F_2)$ 的值可以用来表征高能量区域状况（能量、体积、电场强度等）。金属类缺陷类型（金属突出物缺陷、悬浮电位缺陷）下产生 CO_2 所需的 C 主要来源于金属表层的微量碳元素，固体绝缘沿面缺陷下 C 则源自绝缘材料表层的含碳结构。通常含碳产物的含量主要受到 C 原子或含碳结构含量的制约，其与材料表面的状况或者放电所涉及材料表面的面积存在直接关系。因此，含硫产物与含碳产物的含量比值表征了特定放电条件下高能量区域状况与放电所涉及材料表面状况之间的关系。而不同缺陷类型及放电严重程度下，放电能量和放电所涉及材料表面状况都会有所不同，因此本书还提出将 $\varphi(SOF_2+SO_2+SO_2F_2)/\varphi(CO_2+CF_4+CO+CS_2)$ 作为一种对放电缺陷进行诊断评估的特征量。

首先以金属突出物缺陷为代表探讨放电量、气压、微水含量等对含量比值的影响，由于金属突出物缺陷下的含碳产物仅包括 CO_2，因此该产物含量比值可以简化为 $\varphi(SOF_2+SO_2+SO_2F_2)/\varphi(CO_2)$。

图 4-31 显示了放电量对 $\varphi(SOF_2+SO_2+SO_2F_2)/\varphi(CO_2)$ 的影响，可以发现由于 SOF_2、SO_2F_2、SO_2、CO_2 等产物均直接受放电量的影响，放电量越大，这些相关产物的含量也会随之增高。因此，$\varphi(SOF_2+SO_2+SO_2F_2)/\varphi(CO_2)$ 在不同放电量下的量保持基本一致，总体位于 2.5～3.5 范围内。

图 4-32 显示了气压对 $\varphi(SOF_2+SO_2+SO_2F_2)/\varphi(CO_2)$ 的影响，该产物含量比值随可以随气压的升高呈现总体下降趋势。

含量产物受到高能量区域中 SF_6 解离的直接影响，其含量与高能量区域体积呈正相关关系。CO_2 主要生成于材料表面区域其含量与高能量区域金属材料表面积呈正相关关系。设金属尖端高能量区域为圆球形分布，示意图如图 4-33所示。设高能量区域球半径为 R_1，没入其中的金属针尖体积为 $0.042\pi R_1^3$，则

111

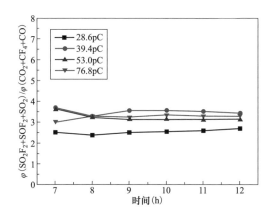

图 4-31　放电量对 $\varphi(SOF_2+SO_2+SO_2F_2)/\varphi(CO_2)$ 的影响

$[P=0.3MPa, \varphi(H_2O)\approx300\mu L/L]$

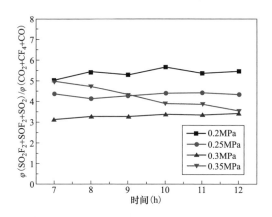

图 4-32　气压对 $\varphi(SOF_2+SO_2+SO_2F_2)/\varphi(CO_2)$ 的影响

$[U=50kV, \varphi(H_2O)\approx300\mu L/L]$

高能量区域体积为 $1.333\pi R_1^3-0.042\pi R_1^3=1.291\pi R_1^3$。当区域体积增加半径有 R_1 增大至 R_2 后，高能量区域体积增大至 $1.291\pi R_2^3$，体积增大倍数为 $(R_2/R_1)^3$。同理可以计算体积增长前后区域内金属材料的表面积为 $0.37\pi R_1(0.37R_1+R_1)=0.507\pi R_1^2$ 和 $0.507\pi R_2^2$，体积增加后的面积是增加前的 $(R_2/R_1)^2$ 倍。由此，可以得出，气压降低后高能区域体积增加的倍数大于金属材料表面积增加的倍数，从而对含量产物影响更为显著，$\varphi(SOF_2+SO_2+SO_2F_2)/\varphi(CO_2)$ 自然也表现出一定增长趋势。

图 4-34 为显示了微水含量对 $\varphi(SOF_2+SO_2+SO_2F_2)/\varphi(CO_2)$ 的影响，可以发现含量比值随微水含量的增加呈现总体上升趋势，这是因为含硫产物的产量的含量会随微水含量的增加而表现出明显增长趋势（见图 4-35 和图 4-36），而 CO_2 的量则与微水含量关系较弱（见图 4-37）。

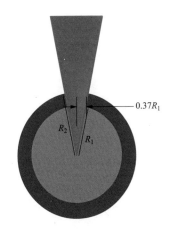

图 4-33　金属尖端区域示意图

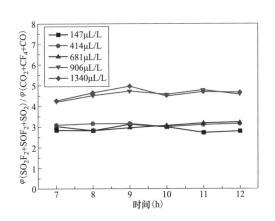

图 4-34　微水含量对 $\varphi(SOF_2+SO_2+SO_2F_2)/$
$\varphi(CO_2)$ 的影响（$U=50kV$，$P=0.3MPa$）

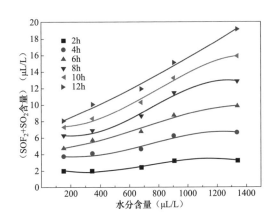

图 4-35　不同微水含量下（SOF_2+SO_2）含量的等加压时间曲线

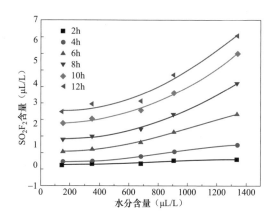

图 4-36 不同微水含量下 SO_2F_2 含量的等加压时间曲线

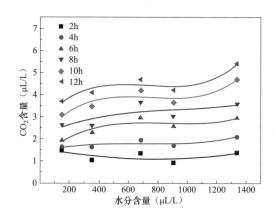

图 4-37 不同微水含量下 CO_2 含量的等加压时间曲线

图 4-38 显示了添加吸附剂前后对 $\varphi(SOF_2+SO_2+SO_2F_2)/\varphi(CO_2)$ 的影响。可以发现添加吸附剂后，该产物含量比值会下降。这是由于吸附剂对相关几种产物的吸附效果由强到弱依次为 SO_2、SOF_2、SO_2F_2、CO_2。因此，CO_2 在添加吸附剂后的含量相对变化最小，$\varphi(SOF_2+SO_2+SO_2F_2)/\varphi(CO_2)$ 则会随之减小。

总结可得，$\varphi(SOF_2+SO_2+SO_2F_2)/\varphi(CO_2)$ 的值受放电量影响较低，随气压增加表现出总体下降趋势，随微水含量的增加表现出总体上升趋势，此外在添加吸附剂后会下降。该产物比值在应用过程中需要考虑气压、微水含量及

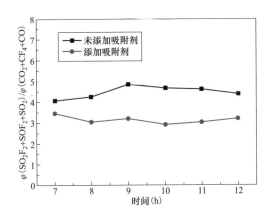

图 4-38 吸附剂对 $\varphi(SOF_2+SO_2+SO_2F_2)/\varphi(CO_2)$ 的影响

[$U=60kV$，$P=0.3MPa$，$\varphi(H_2O)\approx500\mu L/L$]

吸附剂的影响。

3. 气体含量比值法的使用

图 4-39 显示金属突出物缺陷、悬浮电位缺陷和固体绝缘沿面缺陷等不同缺陷下的 $\varphi(SO_2F_2)/\varphi(SOF_2+SO_2)$，可以发现该含量比值基本可以对三种缺陷进行区分。悬浮电位缺陷能量较高，SO_2F_2占比较高，$\varphi(SO_2F_2)/\varphi(SOF_2+SO_2)$ 的值最高，约为 0.4~0.9。金属突出物缺陷下 $\varphi(SO_2F_2)/\varphi(SOF_2+SO_2)$ 的值约为 0.1~0.5 范围内，这和武汉大学乔胜亚的结果相近。$\varphi(SO_2F_2)/\varphi(SOF_2+SO_2)$ 在悬浮电位和金属突出物缺陷下存在数据交叠的区间。固体绝缘沿面缺陷下由于 SO_2F_2 含量很低，因此 $\varphi(SO_2F_2)/\varphi(SOF_2+SO_2)$ 的值也非常小，其取值范围为 0~0.1。

图 4-40 给出了不同缺陷下的 $\varphi(SO_2F_2+SOF_2+SO_2)/\varphi(CO_2+CF_4+CO+CS_2)$，可以发现金属突出物缺陷下含硫产物占比较高，产物比值为 2.5~6；悬浮电位缺陷下，由于高能量区域体积较大，能够提供的 C 元素较多，CO_2的含量较高，因此含硫含碳产物间的含量比值小于金属突出物缺陷，其值主要为 1~2.5；固体绝缘沿面缺陷下会产生多种含碳产物，因此含硫含碳产物间的含量比值较小，为 0~2 之间。可以发现，该比值可以将金属突出物缺陷与其他

两种缺陷区分。

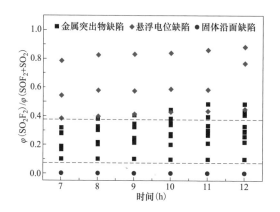

图 4-39　不同缺陷类型下的 $\varphi(SO_2F_2)/\varphi(SOF_2+SO_2)$

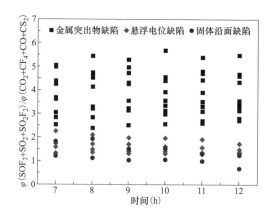

图 4-40　不同缺陷类型下的 $\varphi(SO_2F_2+SOF_2+SO_2)/\varphi(CO_2+CF_4+CO+CS_2)$

从图 4-39 和图 4-40 可以看出，部分缺陷在单一含量比值下会存在交叉区域。例如，$\varphi(SO_2F_2)/\varphi(SOF_2+SO_2)$ 在悬浮电位缺陷和金属突出物缺陷存在交叉的区域，这是由于金属突出物缺陷在气压较低或放电量较大的情况下，该含量比值会比较高。对于 $\varphi(SO_2F_2+SOF_2+SO_2)/\varphi(CO_2+CF_4+CO)$，悬浮电位缺陷和固体绝缘沿面缺陷则存在明显的数据交叉区域。因此，通常需要综合利用两种含量比值完成对缺陷的诊断。

虽然含量比值存在模糊边界的问题，但其一个重要的优势在于可以对特定缺陷的严重程度进行评判。当设备内部发现故障后，可以利用含量比值对其进行追踪，以评断故障的发展。

图 4-41 显示了不同缺陷在两种含量比值下的综合分布情况，可以发现综合利用两种含量比值可以对缺陷类型进行诊断。需要说明的是，本书所研究固体绝缘沿面缺陷仅涉及存在闪络放电的严重状况，当固体沿面缺陷放电程度较弱，不存在闪络的情况下，其产物特性会接近金属突出物放电，$\varphi(SO_2F_2)/\varphi(SOF_2+SO_2)$ 的值也会增高。

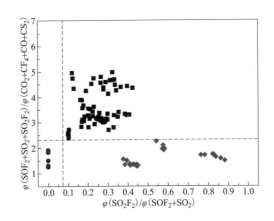

图 4-41　不同缺陷在两种含量比值下的综合分布情况

三、三角形诊断法

1. 三角形诊断法的建立

目前存在的诊断方法中，产物含量、SF_6 分解率等特征量随放电时间持续增加，而故障设备中通常无法确定缺陷起始放电时间，因此无法应用上述两种特征量完成对缺陷的诊断。分解产物生成速率受气压、放电量等外施条件的直接影响，其在不同缺陷下的值可能相同。

特征气体法及产物含量比值法主要依靠对关键产物以及产物含量比值区间进行判断，然而部分缺陷下的气体产物类型相同，含量比值则可能在不同缺陷下存在交叉区域，如图 4-39 和图 4-40 所示。此外，产物含量比值在不同条件下值的差异也比较大。因此，因此这两种方法通常需要借助一定的专业经验进行诊断。

气体产物的含量占比是指该产物含量与应用气体总含量之间的百分比值。金属突出物与悬浮电位缺陷下主要产生四种分解产物，如果将 SOF_2 和 SO_2 统一考虑，则 $SOF_2 + SO_2$、SO_2F_2、CO_2 三类产物的含量百分占比分别为：$\%(SOF_2 + SO_2) = 100y/(x+y+z)$；$\%SO_2F_2 = 100x/(x+y+z)$；$\%CO_2 = 100z/(x+y+z)$，其中 $x = \varphi(SO_2F_2)$；$y = \varphi(SOF_2 + SO_2)$；$z = \varphi(CO_2)$。

典型气体产物的含量随施加条件的变化通常表现出近似的变化趋势。例如，SOF_2、SO_2F_2、SO_2、CO_2 等产物的含量都随放电量的增长而增长，随气压的增加而下降。因此，气体产物的含量占比应位于一定区间内。接来下分析施加条件对产物含量占比的影响。

图 4-42 为金属突出物缺陷在不同气压下的分解产物含量占比区间，可以发现每类产物的含量占比都位于一定数值区间范围内。比如，$SOF_2 + SO_2$ 的含量占比值始终为 55~90；SO_2F_2 的含量占比值始终为 5~30。同时，产物含量占比在不同气压下的数值区间存在不同程度的交叠区域，即气压对产物含量占比的影响比较小。

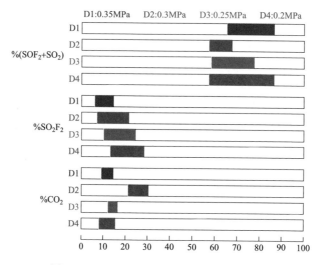

图 4-42　不同气压下的产物含量占比区间

对比图4-28、图4-32和图4-42，气室气压对产物含量占比的影响明显低于对含量比值的影响。SOF_2+SO_2和SO_2F_2的含量与气压之间都满足函数关系式 $f(P)=(ae^{-bP})/(P^2+cP)$，其变化趋势表现出一致性。CO_2含量与气压之间满足函数关系式 $f(P)=[a/(P+b)]+c$。虽然满足不同的函数式，但在本书所述气压范围内，CO_2和SOF_2+SO_2和SO_2F_2含量的变化趋势总体一致，都随气压的增加而下降如图4-43所示。因此，几种典型产物的含量占比在不同气压下保持在一定数值区间范围内。

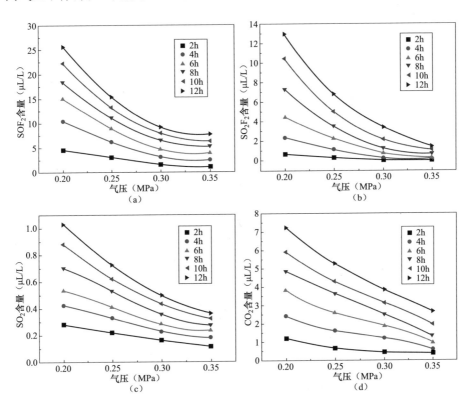

图4-43　主要产物含量随气压的变化规律

(a) SOF_2；(b) SO_2F_2；(c) SO_2；(d) CO_2

图4-44~图4-46为不同微水含量、放电量及添加吸附剂前后分解产物的含量占比区间。可以发现：几种典型产物的含量占比都位于一定数值区间范

围内，产物的含量占比区间受上述三种因素的影响同样较低。因此，如果能建立一种基于产物含量占比关系的诊断方法，就可以对设备绝缘缺陷进行诊断中降低施加条件干扰。

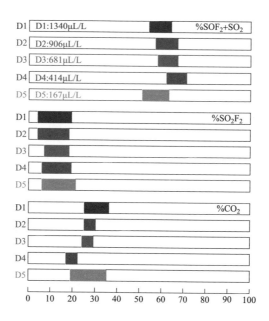

图 4-44　不同微水含量下的产物含量占比区间

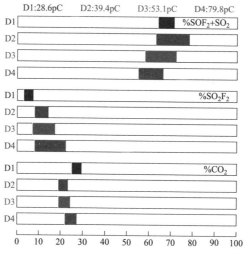

图 4-45　不同放电量下的产物含量占比区间

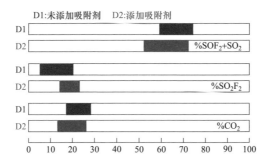

图 4-46　添加吸附剂前后的产物含量占比区间

由于悬浮电位缺陷的能量较高、同时高压区域能够提供的碳元素较多，该缺陷下 SO_2F_2 和 CO_2 两种产物的含量占比高于同条件下的金属突出物缺陷，而 SOF_2 的含量占比则低于金属突出物缺陷。固体绝缘沿面缺陷条件下不产生 SO_2F_2，因此该产物的含量占比值明显小于其他两种缺陷下的值。因此，利用产物含量占比关系可以对金属突出物、悬浮电位、固体绝缘沿面等几种典型绝缘缺陷进行诊断。

图 4-47 对比了不同缺陷下 SOF_2+SO_2、SO_2F_2、CO_2 三类产物的含量占比区间，图中数据来源于本书第三章和第四章，已经考虑了不同条件的影响。可以发现，气体分解产物的含量占比区间在不同缺陷下会有差异。悬浮电位缺

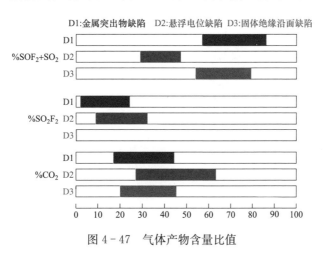

图 4-47　气体产物含量比值

陷下 SOF_2 的含量占比低于其他两种缺陷；固体绝缘沿面缺陷下 SO_2F_2 的含量占比接近或等于 0，其值明显低于其他两种缺陷条件下的值。利用 $SOF_2 + SO_2$ 含量占比可以区分悬浮电位缺陷和其他两种缺陷类型，再利用 SO_2F_2 含量占比则可进一步区分金属突出物缺陷和固体绝缘沿面缺陷。

对 $SOF_2 + SO_2$ 含量占比、SO_2F_2 含量占比、CO_2 含量占比 ❶ 在不同缺陷下的数值范围进行编码，建立相应的含量占比编码树，得到不同缺陷下的编码组合，即可对实现缺陷诊断。然而，编码树法的数据直观性比较差，为了增加数据对比效果，将图 4-47 中三类产物的含量占比作为三个坐标轴，进行图形转化后可以构建一个等边三角形（见图 4-48），即可将图中所有数据统一到统一坐标体系下。三角形区域中每个点平行三边做延长线后在三个坐标轴上交点的数值和都为 100，例如，若一组气体数据为 $SOF_2 = 22\mu L/L$、$SO_2F_2 = 15\mu L/L$、$SO_2 = 3\mu L/L$、$CO_2 = 10\mu L/L$，则 %（$SOF_2 + SO_2$）$= 50$、% $SO_2F_2 = 30$、% $CO_2 = 20$。

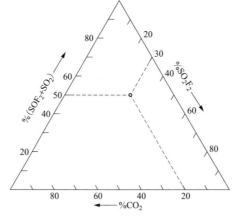

图 4-48 三角形诊断法的坐标

图 4-48 所示三角形的三个轴分别具有不同的含义，%（$SOF_2 + SO_2$）轴和 SF_6 解离生成的 SF_4 含量密切相关；% SO_2F_2 轴和 SF_6 解离生成的 SF_2 含量

---

❶ 后文中，$SOF_2 + SO_2$ 含量占比、SO_2F_2 含量占比、CO_2 含量占比分别用 %（$SOF_2 + SO_2$）、% SO_2F_2、% CO_2 表示，其他气体含量占比表示方式依此类推。

及放电能量的关系更为密切；%CO_2则轴和放电区域内的材料表面状况密切相关。由于不同缺陷下放电能量、高能量区域体积、材料表面状况等不尽相同，而三角形法可以同时考虑到这些因素的差异，因此可以完成对缺陷的诊断。

本书所构建三角形诊断法与变压器油中溶解气体检测中常用的大卫三角形法类似。后者利用CH_4、C_2H_2、C_2H_4等三种气体的含量百分占比构建等边三角形，可实现对多种变压器故障的诊断。

2. 三角形诊断法的区域划分

图4-49显示了三种典型绝缘缺陷在三角形法中的区域分布情况。

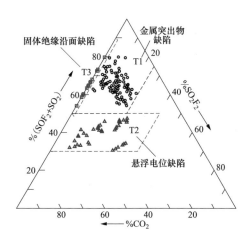

图4-49　三角形法的故障分布区域

其中T1代表金属突出物缺陷区域，该区域内的数据始终满足50<%(SOF_2+SO_2)<100，2<%SO_2F_2<25。可以发现本书试验所获得的不同条件下的数据都位于T1所示范围内。

T2代表悬浮电位缺陷区域。相比金属突出物缺陷，放电能量更高的悬浮电位缺陷条件下，SO_2F_2及CO_2的含量百分比明显更高。也就是说该缺陷类型下SOF_2的含量百分比相对会低于金属突出物缺陷下的值，因此T2区域位于T1区域下方，如图4-49所示，T1和T2两个区域被%(SOF_2+SO_2)=50所分隔。T2区域满足30<%(SOF_2+SO_2)<50及0<%SO_2F_2<40。

在本书所述试验条件下，绝缘沿面放电缺陷下检测不到 SO_2F_2。因此，该缺陷下的气体产物数据位于坐标轴 $\%(SOF_2+SO_2)$ 上。T3 区域满足 $50<\%(SOF_2+SO_2)<90$ 及 $0<\%SO_2F_2<2$。

虽然图 4-49 所示结果已经可以对几种绝缘缺陷类型进行诊断，但代表固体绝缘缺陷的 T3 区域非常小，部分数据点位于 T1 和 T3 区域的交界处附近，影响诊断的准确性。另外，图 4-49 所示坐标体系下，仅考虑了三种含硫产物及 CO_2 的影响，而未考虑 CO、CF_4、CS_2 等在固体绝缘沿面缺陷下能够检测到的典型含碳分解产物。为了提高三角形法的效率，有必要引入几种含碳产物。如前文所述，CO 在大部分正常 SF_6 绝缘设备气室中也能被检测到，为了避免引入不确定因素，本方法不纳入 CO。相比之下，CS_2 虽然含量很低，但稳定性高，且不存在于正常气体中，同时其生成速率又是缺陷发展至击穿前的重要特征参量。SF_6 新气中 CF_4 的含量则在 IEC 60376《电力设备用工业级六氟化硫（SF_6）规范》[*Specification of techninal grade sulfur hexafluoride（SF_6）for use in electrical equipment*] 中给出了严格要求。因此，最终考虑将 CF_4 和 CS_2 两种产物引入三角形法。

固体绝缘沿面缺陷下检测不到 SO_2F_2，为了避免相关缺陷下的数据点都位于坐标抽 $\%(SOF_2+SO_2)$ 上，影响诊断方法的准确性，将 CF_4、CS_2、SO_2F_2 等三种产物纳入同一坐标轴 $\%(SO_2F_2+CF_4+CS_2)$。金属类缺陷下不产生 CF_4 和 CS_2，该坐标轴相当于 $\%SO_2F_2$，如图 4-49 所示，三角形法可对金属突出物和悬浮电位等两种缺陷进行有效诊断。固体绝缘沿面缺陷下不产生 SO_2F_2，该坐标轴则相当于 $\%(CF_4+CS_2)$，该坐标轴可一定程度上反应固体缺陷的放电情况，建立合适的坐标体系，然后利用该坐标轴将固体绝缘沿面缺陷和其他两种缺陷进行诊断区分。

虽然 CF_4 及 CS_2 两种产物是绝缘沿面放电缺陷下更为重要的特征产物，但其含量相比 SOF_2、CO_2 等明显偏低。考虑 SOF_2+SO_2、SO_2F_2、CF_4、CS_2、CO_2 等几种产物时，其含量占比区间如图 4-50 所示。可以发现，$\%CS_2$ 始终低于 2，其中大部分数据点低于 0.5，%CF_4 的值则在 10 左右。

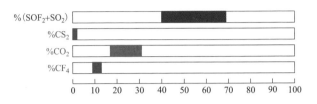

图 4-50　固体绝缘沿面缺陷下的产物含量占比

由于三角形法的数据分布是基于产物的含量占比，而 CF_4 和 CS_2 两种含碳产物的含量又相对比较低，如果直接应用图 4-50 中的原始数据，CF_4 和 CS_2 两种产物的重要性会严重减弱，从而无法通过坐标轴 %(SO_2F_2＋CF_4＋CS_2) 将固体沿面缺陷和其他两种缺陷进行诊断。为了实现诊断需要将 CF_4 及 CS_2 的含量分别乘以一个权重系数 x 和 y，以提高其含量百分占比，使坐标轴变换为 %(SO_2F_2＋xCF_4＋yCS_2)。如图 4-49 所示，金属突出物缺陷和悬浮电位缺陷下 SO_2F_2 的含量占比都小于 40，因此固体绝缘沿面缺陷下的所有数据点满足 %(xCF_4＋yCS_2)>40 即可。设某组固体绝缘沿面缺陷下的产物数据为 φ(SOF_2＋SO_2)=a、φ(CO_2)=b、φ(CF_4)=c、φ(CS_2)=d，则应满足

$$\frac{100(cx+dy)}{a+b+cx+dy}>40 \tag{4-13}$$

代入图 4-19 和图 4-20 中某一数据点 φ(SOF_2＋SO_2)=25.28、φ(CO_2)=15.24、φ(CF_4)=5.86、φ(CS_2)=0.239，可得权重系数 x 和 y 应满足

$$351.6x+14.34y>1620.8 \tag{4-14}$$

针对式（4-14），CF_4 和 CS_2 的权重系数 x 和 y 的取值范围满足图 4-51 中阴影所示部分即可。

结合式（4-13），对本书固体绝缘沿面缺陷气体分解数据进行处理后，可得只要 CF_4 的权重系数 x 大于 5.7 就可满足要求。为了使固体绝缘缺陷下的数据与其他缺陷区分开，避免少部分数据点位于区域边界处，最终取 x=10。

CS_2 在高能量闪络放电或者固体绝缘表面发生严重碳化时才能生成，虽然

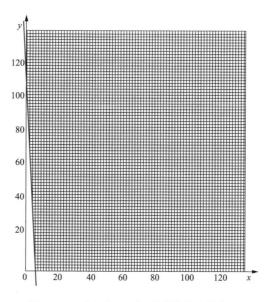

图 4-51 CF_4 和 CS_2 权重系数的取值范围

其含量通常很低，但该产物反映了严重的固体绝缘放电。为了保证 CS_2 在检测方法中的重要性，最终去 $y=100$，使其含量和 SOF_2 含量达到同一量级。

加入权重系数对坐标轴进行改进后，三角形法对典型绝缘缺陷的诊断结果如图 4-52 所示。可以发现，在改进后的方法中，金属突出物、悬浮电位及绝

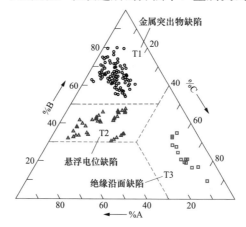

图 4-52 改进后的三角形法诊断结果

（A：CO_2；B：SOF_2；C：$SO_2F_2+10CF_4+100CS_2$）

缘沿面等三种缺陷下的数据可以被很好地聚类到不同的区域中，且没有任何数据点会落到坐标轴上及区域边界附近。

三种绝缘缺陷在三角形法中的区域分布范围如表 4-3 所示。

表 4-3　　　　　　　　典型绝缘缺陷在三角形法中区域范围

缺陷类型	区 域 范 围		
	%A	%B	%C
金属突出物缺陷	—	50～100	0～40
悬浮电位缺陷	—	30～50	0～40
固体绝缘沿面缺陷	0～20	—	40～100

图 4-53 显示了放电量、气压、微水含量及吸附剂等条件对三角形法诊断的影响（以金属突出物缺陷为例）。可以发现，在本书所涉及参数范围内，上述施加条件对三角形法的诊断都没有表现出显著影响。

这是由于典型产物的含量占比主要受放电能量及放电区域的影响，其主要决定于缺陷类型而非施加条件。相比，产物含量比值会受到施加条件的影响，如图 4-27～图 4-30 所示。有文献研究了 SO_2F_2 和 SOF_2 产物含量比值随外施电压及微水含量等因素的变化，结果显示当外施电压从 18kV 上升至 26kV 时，$\varphi(SOF_2)/\varphi(SO_2F_2)$ 的值将从 0.12 升高至 0.65。因此，相比其他诊断方法，三角形诊断法的一个重要优点是降低了施加条件的影响。

唐炬、张晓星、丁卫东、周文俊等近年对 SF_6 气体分解特性做了大量研究工作，利用本书所建立的三角形诊断法对这些学者公开发表的数据进行诊断，结果如图 4-54 所示。

实际上，其他学者所发表部分数据的研究条件与本书差别巨大，比如丁卫东等人研究中气室的体积明显小于本书结果，唐炬等人发表的部分数据是在很高微水含量条件下获得的。可以发现，即时条件差别巨大，三角形法可以对上述学者所发表的数据进行有效诊断，这进一步验证了三角形诊断法的有效性。

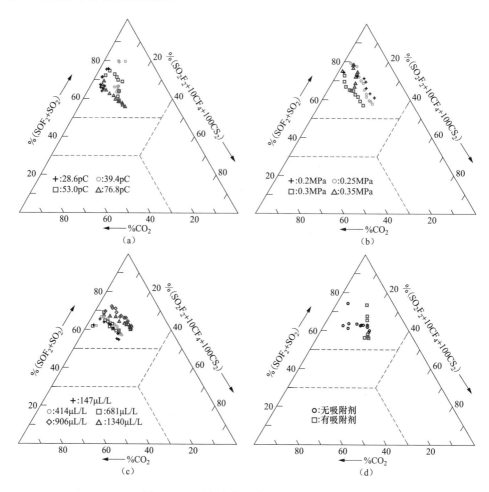

图 4-53　施加条件三角形法诊断的影响

（a）放电量的影响；（b）气压的影响；（c）微水含量的影响；（d）吸附剂的影响

　　截至目前，SF_6 绝缘设备气体产物检测仍然主要采用便携式电化学法仪器，仅能对 SO_2 及 H_2S 两种产物进行检测分析。因此，目前所积累的故障设备多产物数据非常少，很难利用现场故障案例对本书所提出三角形法进行验证。当然，随着进一步的深入研究和技术发展，以及气相色谱法在 SF_6 绝缘电力设备检测中的推广应用，可以积累越来越多的现场故障案例数据。在充足的数据基础上，可以选择更为合适的权重系数值，进而图 4-49 中的缺陷区域及边界可以得到进一步合理修正。此外，目前所建立方法没有无法对不同固体绝缘缺席进行区分，在以后的研究中，基于对不同固体绝缘缺陷类型的大量试验的基础上，可以提出限定条件，然后确定合适的权重系数。

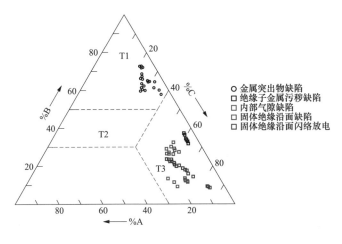

图 4-54　三角形诊断法的应用

第三节　GIS 气体分解产物检测应用案例

一、某 220kV 变电站绝缘子击穿故障

2014 年 5 月 19 日，某 220kV 变电站发生短路事件，继电保护动作。经现场测试，在 11024 刀闸气室发现大量分解产物，其中 SO_2 为 $16.4\mu L/L$、SOF_2 为 $389.2\mu L/L$、CF_4 为 $219.8\mu L/L$、CS_2 为 $0.44\mu L/L$。

产物中存在大量 SOF_2，但不存在 SO_2F_2，同时检测到少量 CS_2 以及较高含量的 CF_4，产物含量比值为：$\varphi(SO_2F_2)/\varphi(SOF_2+SO_2)=0$；$\varphi(SOF_2+SO_2+SO_2F_2)/\varphi(CO_2+CF_4+CO)=1.84$。如图 4-39 和图 4-40 显示，固体绝缘沿面缺陷下两种产物含量比值范围分别为 0~0.1 和 0~2，因此比值法判断设备内部发生故障的部分可能位于盆式绝缘子。将测量数据导入三角形法（见图 4-55），可以发现，数据点位于固体绝缘缺陷区域内，同样诊断为固体绝缘缺陷。

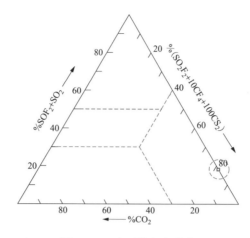

图 4-55 实测数据点分布

厂家解体后发现 A-B 相间绝缘子因放电开裂，表面严重烧蚀，部分裂片掉落在壳体的底板上，如图 4-56 所示。故障的原因是绝缘子表面因存在异物或裂缝而发生沿面放电，最终发生贯穿性击穿，并在电和机械力的共同作用下造成了绝缘子开裂和烧蚀。

图 4-56 绝缘子开裂碎片

二、某 500kV 站断路器内部潜伏性缺陷

2015 年 6 月 16 日，对某 500kV 站 GIS 进行抽检过程中，发现 5023 开关 A 相气室内存在多种气体分解产物。其中 SOF_2 为 $23.78\mu L/L$、SO_2 为 $5.89\mu L/L$、

CF_4为85.23μL/L、CS_2为0.445μL/L。产物中出现了CS_2和较高含量的CF_4，产物含量比值为：$\varphi(SO_2F_2)/\varphi(SOF_2+SO_2)=0$；$\varphi(SOF_2+SO_2+SO_2F_2)/\varphi(CO_2+CF_4+CO)=0.35$。测量数据导入三角形法，如图4-57所示。可发现数据点位于固体绝缘缺陷区域内，可诊断产物与绝缘子放电有关。

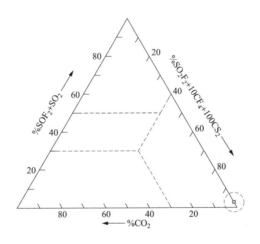

图4-57　实测数据点分布

2015年10月，对5023开关进行大修维护工作，解体发现内部绝缘杆及盆式绝缘子表面均存在粉末，如图4-58所示，其中盆式绝缘子表面部分黑色粉末位置存在轻微烧蚀痕迹。解体后的实际情况与根据分解产物的判断结果一致。

图4-58　绝缘子表面状况

基于以上研究结果，结合现场故障案例，可以发现SF_6分解产物分析法是对SF_6绝缘设备内部缺陷或故障进行诊断的有效方法。

参 考 文 献

[1] 罗学琛. SF₆ 气体绝缘全封闭组合电器（GIS）［M］. 北京：中国电力出版社，1999.

[2] 陈炫宏，高阳，许傲然. GIS 设备的机械故障原理［J］. 山东工业技术，2017（19）：162.

[3] 李秀广，吴旭涛，朱洪波，等. 基于振动信号的 GIS 触头接触异常研究分析［J］. 高压电器，2016，52（10）：165 - 169＋175.

[4] 郝金鹏. 外壳振动信号在 GIS 故障诊断中的应用研究［D］. 华北电力大学（北京），2016.

[5] 连杰，李钧. 363kV GIS 断路器振动引起螺栓松动问题分析［J］. 西北水电，2013（02）：62 - 64.

[6] 詹海峰. 基于振声联合分析的 GIS 设备机械故障诊断［D］. 西安电子科技大学，2017.

[7] 钱家骊，沈力，刘卫东，等. GIS 的壳体振动现象及其检测［J］. 高压电器，1990，（6）：3 - 9.

[8] 郭碧红，张汉华. 利用 GIS 外壳典型振动的频率特性检测内部潜伏性故障［J］. 电网技术，1989（02）：44 - 50，72.

[9] 李凯，许洪华，陈冰冰，等. GIS 振动机理及固有频率研究［J］. 电测与仪表，2017，54（03）：14 - 18.

[10] 徐天乐，马宏忠，陈楷，等. 基于振动信号 HHT 方法的 GIS 设备故障诊断［J］. 中国电力，2013，46（03）：39 - 42.

[11] 黄清，魏旭，许建刚，等. 基于振动原理的 GIS 母线触头松动缺陷诊断技术研究［J］. 高压电器，2017，53（11）：99 - 104＋108.

[12] 侯焰. 基于异常振动分析的 GIS 机械故障诊断技术研究［D］. 山东大学，2017.

［13］程林. 特高压 GIS/HGIS 设备振动诊断方法研究［J］. 电力建设，2009，30（07）：17-19.

［14］许肖梅. 声学基础（厦门大学新世纪教材大系）［M］. 科学出版社发行处出版社，2005.

［15］G Rosenhouse，R H Lyon. Machinery noise and diagnostics［J］. Mechanical Systems and Signal Processing，1988，2（3）：305-307.

［16］Naohiro Okutsu，Setsuyuki Matsuda，Hisao Mukae，et al. Pattern recognition of vibrations in metal enclosures of gas insulated equipment and its application［J］. IEEE Transactions on Power Apparatusand Systems，1981，PAS-100（6）：2733-2739.

［17］Kim J B，Kim M S，Park K S，et al. Development of monitoring and diagnostic system for SF_6 gas insulated switchgear［C］. Conference Record of the 2002 IEEE International Symposium on Electrical Insulation. IEEE，2002：453-456.

［18］Yuxing Wang，Jie Pan. Comparison of Mechanically and Electrically Excited Vibration Frequency Responses of a Small Distribution Transformer［J］. IEEE Transactions on Power Delivery，2017，32（3）：1173-1180.

［19］百度文库. LMS Test. Lab 中文操作指南 2017-7-11［EB/OL］.［2018-4-25］. https：//wenku. baidu. com/view/1986acb6a1116c175f0e7cd184254b35eefd1ac6. html

［20］侯俊剑. 基于声像模式识别的故障诊断机理研究［D］. 上海交通大学，2011.

［21］侯俊剑，蒋伟康. 基于声成像模式识别的故障诊断方法研究［J］. 振动与冲击，2010，29（08）：22-25＋34＋239.

［22］Sauers I，Ellis WH，Christophorou GL. Neutral decomposition products in spark breakdown of SF_6［J］. IEEE Transactions on Electrical Insulation，1986，21（2）：111-120.

［23］唐炬，陈长杰，张晓星等. 微氧对 SF_6 局部放电分解特征组份的影响［J］. 高电压技术，2011，37（1）：8-14.

［24］Chen J，Zhou WJ，Yu JH，et al. Insulation condition monitoring of epoxy spacers in GIS using a decomposed gas CS_2［J］. IEEE Transactions on Dielectrics and Electrical Insulation，2013，20（6）：2152-2157.

[25] Sadeghi N，Debontride H，Turban G，et al. Kinetics of formation of sulfur dimers in pure SF_6 and $SF_6 - O_2$ discharges [J]．Plasma Chemistry and Plasma Processing，1990，10 (4)：553 - 569.

[26] Greenberg KE，Hargis PJ. Detection of sulfur dimers in SF_6 and SF_6/O_2 plasma - etching discharges [J]．Applied Physics Letters，1989，54 (14)：1374.

[27] 陈俊. 基于气体分析的 SF_6 电气设备潜伏性缺陷诊断技术研究及应用 [D]. 武汉：武汉大学，2014.

[28] Sauers I. By - product formation in spark breakdown of SF_6/O_2 mixtures [J]．Plasma Chemistry and Plasma Processing，1988，8 (2)：247 - 262.

[29] 杨韧，吴水锋，薛军，等. SF_6 断路器内部悬浮电位放电产生的分解产物分析 [J]. 高压电器，2013，49 (6)：17 - 21.

[30] 邓军波，薛建议，张冠军，等. SF_6/N_2 混合气体中沿面放电实验研究的现状与进展 [J]. 高电压技术，2016，42 (4)：1190 - 1198.

[31] Takuma T，Watanabe T. Optimal profiles of disc - type spacers for gas insulation [J]．Proc. IEE，1975，122 (2)：183 - 188.

[32] 汪沨，邱毓昌，张乔根，等. 表面电荷积聚对绝缘子沿面闪络影响的研究 [J]. 中国电力，2002，35 (9)：55 - 58.

[33] 邢照亮. GIS 绝缘子表面电荷分布对沿面闪络的影响 [D]. 北京：华北电力大学，2013.